Thomas Schönbrunn
Michaela Mattern

Wahn & Sinn

Skurrile Absurditäten aus dem Alltag einer Unternehmensberatung

Mit Praxis-Tipps für Unternehmer/innen und Unternehmensberater

YGGDRASIL VERLAG

Die Autoren:

Thomas Schönbrunn ist Diplom-Kaufmann und seit dem Jahr 1995 als selbständiger Unternehmensberater und Coach tätig. Er unterhält mehrere Geschäftsstellen im Raum Nordbayern.

Schwerpunkte seiner Tätigkeit sind Krisen- und Sanierungsmanagement, Wachstumsfinanzierungen, Beteiligungskapital, Unternehmensgründung und betriebliche Nachfolgeregelung. Er beschäftigt sich mit Firmenkäufen und –verkäufen sowie Firmenwertanalysen und ist als Auditor, Trainer und Dozent für Kammern und Verbände tätig.

Michaela Mattern ist eine selbständige, überregional tätige Beraterin für die Bereiche Buchführung, Controlling und Personalwesen. Ihr Firmensitz befindet sich im unterfränkischen Kreuzwertheim.

Schwerpunkt ihrer Tätigkeit ist das Controlling für mittelständische Betriebe. Hierzu bietet sie aktiv Buchhaltungstätigkeiten an und führt Seminare für Betriebe, Unternehmen, Verbände, Vereine und Stiftungen durch, auch im Hinblick auf die jeweils geeigneten Softwarelösungen.

Zubringer:

Holger Schönbrunn, der liebe und intellektuell-humorvolle Bruder von Thomas Schönbrunn hat uns bei unserem Vorhaben mit überragendem Engagement und wertvollen Ratschlägen aktiv unter-stützt. Herzlichen Dank, Holger! (Das germanische Wort Hol-Ger bedeutet übrigens „Speerträger“).

Zeichnungen:

Thomas Schönbrunn, der sich als Unternehmensberater täglich selbst ein Bild seiner Mandanten ausmalen muss.

Weitere Informationen zu den Autoren finden Sie im Internet unter:

- www.schoenbrunn-consulting.de
- www.mm-agentur.eu

1. Auflage 2017

97892 Kreuzwertheim am Main, Deutschland

ISBN: 978-3-946931-00-3
www.yggdrasil-verlag.de

*„Wer anderen die Schuld gibt,
gibt anderen die Macht.“*

(Wayne W. Dyer)

Damit ist gemeint, dass wir für unser Denken und Handeln stets selbst die Verantwortung übernehmen sollten. Wir können diese Verantwortung für unser Leben und das unserer Mitmenschen nicht einfach anderen übertragen.

Wenn also jemand zu mir sagt: „Der deutsche Staat ist schuld daran, dass ich so hohe Steuern zahlen muss“, dann entgegne ich ihm: „Na, dann zieh‘ halt ins Ausland oder verdiene nicht so viel.“

Wenn ein anderer mir sagt, die Bank wäre schuld, dass er so viel an Zinsen und Tilgungsleistungen erbringen muss, dann frage ich ihn, wer den Kreditvertrag wohl unterschrieben hat.

„Macht“ heißt für mich, Verantwortung zu übernehmen. Wer auf andere wartet, diesen die Verantwortung überlässt und ihnen damit die Schuld an der eigenen Situation gibt, der „macht“ nichts und ist am Ende hilflos und „machtlos“.

Wenn wir unser Leben selbst in die Hand nehmen und dabei Fassung und Humor bewahren, dann kann ja nichts schiefgehen ...

... oder doch?

Wertvolle Inhalte:

1. Vorspiel

Kennen Sie die Sage von Odysseus, dem Helden von Troja, den der Dichter Homer vor Jahrtausenden schon besang und welcher das sogenannte Trojanische Pferd in die Mauern von Troja gebracht hat, um die Stadt durch List und Tücke zu vernichten? Trojaner gibt es heute noch immer, jedoch nicht mehr nur auf den Irrwegen des Mittelmeers. Vielmehr schädigen sie weltweit Computer und IT-Netzwerke und bringen diese zum Absturz. Ich habe so den Eindruck, dass manche Menschen nicht merken, wie sie auch von Trojanern und Malware im Kopf infiziert werden, so wie das viele psychopatische Zeitgenossen beabsichtigen. Wir treffen solche ungemütlichen Zeitgeister, die diese schädlichen Viren bewusst in Umlauf bringen, tagtäglich im Rahmen unserer Lebenslinien. Auf der Straße, bei der Bank oder bei unseren Mandanten.

Jetzt werden Sie sich wohl fragen, was ein Unternehmensberater denn so tut. Zeit seines Lebens begibt er sich – wie Odysseus – auf eine irrwitzige Reise, um den Widrigkeiten und Gemeinheiten des Lebens mit Unverständnis zu begegnen. Dabei trifft er genauso wie der Held in der antiken Sage auf einäugige Zyklopen, die Banker, Mandanten oder Steuerberater sein können.

Zielsetzung kann es - wenn die Diplomatie versagt - im Extremfall sein, diese einäugigen Zyklopen zu blenden, damit sie ihr Schindluder nicht weiter betreiben können, um andere Menschen zu schädigen.

Bisweilen gerät unser Held auch in die Fänge von Sirenen, die ihn besäuseln, um ihm den Verstand zu rauben und ihn in den Abgrund zu stürzen. Die Sirenen waren in der antiken Welt ausschließlich Frauen, wobei sich heute im Zuge der Quotenregelung das Verhältnis etwa zu 95% umgekehrt hat. Achten Sie also bitte auf männliche und weibliche Sirenen, die Ihren gesunden Menschenverstand sabotieren möchten. Viele Unternehmensberater, wobei ich ausdrücklich nicht von „Kollegen“ sprechen möchte, sind ebenfalls Sirenen und wenn Sie diese heulen hören, sollten Sie – genau wie im letzten großen Krieg – einen Luftschutzbunker aufsuchen, um nicht von den Granaten Ihrer Hausbank oder Ihrer Geschäftspartner ausgebombt zu werden. Die Unternehmerpersönlichkeit in den Mittelpunkt zu stellen und dessen Probleme zusammen mit ihm zu erkennen, Maßnahmen zu ergreifen, um die anstehenden Herausforderungen aktiv angehen zu können, das ist unser täglich Brot, womit wir Hilfe zur Selbsthilfe leisten.

Begleiten Sie uns in diesem kleinen Büchlein auf eine aberwitzige Odyssee durch das tägliche Leben eines Beraters, wobei wir Ihnen die skurrilen Absurditäten des Beraterlebens nahebringen möchten. Wir sind Menschen wie Sie, und wir teilen mit unseren Mandanten deren Ängste, Sorgen und Hoffnungen. Vieles können wir gemeinsam mit unseren Partnern umsetzen, manches nicht.

Wir berichten Ihnen von Siegen, Niederlagen und Patt-Situationen und geben Ihnen mit einem Schmunzeln und einem Augenzwinkern einen Einblick in den täglichen Wahnsinn. Ein Unternehmensberater hat die Aufgabe – und das ist wahrhaftig unsere Einstellung – anderen Menschen zum Erfolg zu verhelfen.

Zusätzlich sind gewisse betriebspsychologische Erkenntnisse erforderlich, um die Menschen aus teilweise depressiven und dunklen Abgründen wieder ins Licht zu bringen. Da hilft kein Singsang, kein Rumlabern und kein Verbreiten von heißer Luft, sondern gesunder Menschenverstand und Einfühlungsvermögen, um die Zielsetzungen auf den Prüfstand zu stellen und ein Gleichgewicht im psychologischen und betrieblichen Sinne herzustellen.

Odysseus erging es ebenso und er brauchte viel Zeit, um nach Hause auf seine Insel Ithaka zurück zu finden. Wir sind allerdings noch immer auf der Reise.

Die folgenden Reiseberichte entsprechen der Wahrheit. Mit Rücksicht auf unsere Mandanten, auf Steuerberater und Banken haben wir deren Namen und Institutionen nicht ausdrücklich benannt. Wenn sich jedoch der eine oder andere in diesen Geschichten wiedererkennen sollte, so ist das durchaus beabsichtigt.

Folgen Sie uns also auf den Spuren des Odysseus.

2. Die Katze auf dem heißen Backblech

Wie man den Semmel-Absatz langfristig sichern kann

Es begab sich aber zu der Zeit, als die Bäckereizunft noch glaubte, die Erde sei eine Scheibe.

Plötzlich setzte jedoch die Globalisierung ein und die Scheibe wurde dreidimensional rund, was ebenso auf das Gemüt eines Bäckers zutraf, der uns mit einer Sanierungsberatung beauftragt hatte.

In Anbetracht der aufkommenden Bäckerei-Großkonzerne kam der Bäckermeister auf die glorreiche, verwegen-verworrene Idee, mit den Großbäckereien Schritt halten zu müssen und strebte im Größenwahn des aufkommenden Expansionswillens den Kauf einer Turbo-Backmaschine an. Diese konnte in der Stunde um die 1.000 Semmeln produzieren. Das einzig problematische an der Angelegenheit war, dass sich der Standort der Bäckerei in einer kleinen Ortschaft mit etwa 2.000 Einwohnern in Bayern nahe der Grenze zu Baden-Württemberg befand. Wie sollten die Einwohner jemals so viele Semmeln in der Stunde essen können? Dennoch wurde die Maschine angeschafft und führte zum langsamen Niedergang der freundlichen Bäckerfamilie.

Während noch vor Jahren das Erbe der Nachkommen aufgrund der Ländereien, Besitztümer und Versicherungen gesichert schien, verlangte die freundliche Hausbank von unserem Bäckermeister nun eine zusätzliche Besicherung, um diese völlig unnütze Maschine finanzieren zu können, wodurch das vorher gesicherte Erbe nun der Bank versprochen war. Wäre da nicht ein gewisses Maß an Sorgfaltspflicht seitens der Bank angesagt gewesen?

Einer der Bäckersöhne sah die Gefahr voraus und gründete sofort ein Nebengewerbe als Pornofotograf.

Er kam dann auf die Idee, mich als Unternehmensberater zu beauftragen, um wenigstens die Altersvorsorge seiner Eltern zu sichern. Mittlerweile hatte unser hochintelligenter Großbäcker - um die Maschine auszulasten - viele Filialen im Umkreis bei Einkaufszentren und Einzelhandelsgeschäften gegründet, Unsummen in Theken und Werbung investiert und somit – die Familie besteht aus vier Personen – einen läppischen Personalkostenfaktor von 389.000 Euro pro Jahr aufgebaut. Nun war er auch nicht mehr in der Lage, sein Personal zu entlohnen, weil die Sicherheiten bei der Bank nicht ausreichten, um die Löhne auszahlen zu können. Aus diesem Grund hatten die Mitarbeiterinnen auf 400 Euro-Basis in den Filialen auch keine Motivation mehr, 1.000 Semmeln in der Stunde zu verkaufen.

Es kam zum Krisengespräch mit dem Bäcker, seiner Frau, der Tochter, seinen Söhnen und einer großen Katze (von der Rasse her eine sogenannte „Maine Coon“) namens Bloatz, was im regionalen unterfränkischen Dialekt so viel wie „Blechkuchen“ bedeutet.

So eine Katze ist schon ein gewaltiges Gerät und hat in etwa die Größe eines Luchses. Ich wusste bis dahin nicht, dass man Luchse wie Hunde trainieren kann. Ich wurde eines Besseren belehrt, als ein eiliges Fax der Bank eintraf, auf dem um rückständige Darlehensbeträge hingewiesen wurde.

Der Profi-Porno-Toni gab Bloatz den Befehl, das Fax zu holen. So etwas hatte ich bis dahin noch nie gesehen. Die Katze spazierte nach nebenan ins leicht mehlverstaubte Büro, entriss dem historischen Faxgerät mit Papierrolle das Empfangsdokument und brachte es als Ersatz für frisch gefangene Mäuse in die Küche, in der die Besprechung stattfand. Besser wäre es gewesen, Bloatz hätte das Fax vertilgt, dann wäre der Schock der Bäckerfamilie nicht so groß gewesen, denn letztendlich ging es um die Ankündigung der Kreditkündigung. Mein Versuch, den Pseudo-Luchs mit dem Befehl „Platz Bloatz!“ zum Hinsetzen zu bewegen, scheiterte allerdings.

„Was sollen wir jetzt machen?“ fragten der Bäckermeister und seine Frau und ich stellte die Gegenfrage: „Wann ging es Ihnen denn bisher am besten?“. Die Antwort kam prompt:

„Als mer noch als Familie g‘schafft henn un‘ mei Frau un‘ mei Dochder im Lad‘n verkafft henn un‘ ich un‘ mei Söhn‘ gebäckt henn.“

Hier gab es für mich nur eine logische Schlussfolgerung:

„Und dahin müssen wir zurück!“

Der Bäcker schlug noch vor, seine Filialen zu verkaufen, was meiner Erfahrung nach aussichtslos erschien. Wer sollte denn solche unrentablen Shop-in-Shop-Filialen kaufen? So schlug ich dem verzweifelten Bäckermeister das Unglaubliche vor:

„Lieber verschenken als verkaufen.“

An den fassungslosen Gesichtern der Bäckerfamilie inkl. Bloatz erkannte ich, sie meinten, ich sei ein Alien vom Mars.

„Nein“, sagte ich, „ich bin von der Venus und wir rufen morgen eine Betriebsversammlung mit allen 43 Mitarbeiterinnen ein und schildern die Sachlage.“

Die arbeitspolitische Infrastruktur um die Filialen herum war angesichts der zunehmenden Unternehmenspleiten in der Region nicht rosig. Und so kam es, dass ich mich als unternehmensberaterischer Outlaw im Beisein eines etwas dumpf wirkenden Notars vor die versammelte Masse der Ahnungslosen stellen musste. Ich teilte mit, dass wir die Filialen schließen müssten, was zu einem Arbeitsplatzverlust der Beschäftigten führen würde. Im Nachsatz bot ich jedoch an: „Wer Interesse hat, bekommt die Filiale geschenkt und kann selbständig unternehmerisch tätig werden, um weiterhin Geld zu verdienen.“ Gekoppelt daran waren allerdings drei Bedingungen:

1. Der Firmenname bleibt erhalten und lediglich die Inhaberin wird im neuen Firmenschild benannt.

2. Die künftigen Unternehmerinnen verpflichten sich, die Backwaren exklusiv von unserer Bäckerfamilie abzunehmen.

3. Unsere Unternehmensberatung erstellt für jede Übernehmerin ein Gründungskonzept, aus dem die nachhaltige Tragfähigkeit einer selbständigen Vollexistenz hervorgeht.

Am Ende der nächsten Woche waren alle Filialen verschenkt, was notariell beurkundet wurde. Die Aufträge für unsere Unternehmensberatung waren erteilt und wissen Sie, was in den nächsten Tagen passierte?

Die Filialumsätze stiegen sofort um etwa 20%, weil die Unternehmerinnen nun selbst für ihr Geld sorgen mussten und die 1.000-Semmel-Back-Maschine war nun tatsächlich größtenteils ausgelastet.

Tipps für Unternehmen und Unternehmensberater:

Als Unternehmer/in sollten Sie in ungewohnten Dimensionen denken. Was zunächst unmöglich erscheinen mag, kann der Ausweg aus einer vermeintlich ausweglosen Situation sein.

Unternehmensberater sollten unseres Erachtens nach hier ebenfalls Kreativität beweisen. Übertriebenen Wachstumsambitionen kann man bisweilen mit Gesundschrumpfen begegnen.

3. Im Auftrag Ihrer Majestät

Wie Oldtimer und teure Hobbys Geheimagenten enttarnen können

Mercedes ist ein spanischer weiblicher Vorname und bedeutet „Gnade“. Nicht wie üblicherweise vermutet, war Mercedes die Tochter von Daimler oder Benz, sondern der Spross des berühmten Rennfahrers Jellinek, welcher Daimler auf der Überholspur des Weltruhmes zu etlichen Siegen verhalf. Um den Namen Mercedes und die Namensbedeutung der Gnade zu huldigen, sollten Sie wissen, dass die historischen Limousinen der Baureihe „W108“ heutzutage gnadenlos teuer sind. Es gibt Unternehmer, die Oldtimer sammeln, wie andere Leute Briefmarken. Wobei ein historischer „W108“ bei weitem nicht so viel wert ist, wie die Blaue Mauritius, die übrigens ein Fehldruck war.

Einer unserer Mandanten aus dem Bereich Maschinenbau, der seiner Sammelleidenschaft für historische Automobile frönte, fuhr gerne mit einem seiner Oldtimer bei Kunden oder Banken vor. Und zwar so, dass man nicht umhin kam, seinen

Wagen bereits beim Einparkvorgang auf dem Firmengelände stets visuell wahrnehmen zu müssen. Nach dem Motto „wer hat, der hat“ vertrat er entschlossen die Glaubensdoktrin, dass Neid die höchste Form der Anerkennung sei. Leider hatte er große Probleme, die Finanzierung für sein persönliches Automobilmuseum auf die Beine zu stellen. Tja, Oldtimer sind zwar schön, sind jedoch Luxus und stellen unserer Meinung nach nur dann eine sinnvolle Investition dar, wenn diese eine Rendite abwirft, was jedoch nur dann gelingt, wenn man die Edelkarossen gewinnbringend verkaufen kann. Jedenfalls bat unser Oldie-Freak um Rat, wie er sein Unternehmen tunen könnte, um mit zusätzlichen Geldmitteln nebenbei seine Schmuckstücke erdbebensicher und vor Sturm und Diebstahl geschützt unterbringen zu können. Ohne unser Wissen und ohne Finanzierungszusage entschloss er sich, ein Sondermodell eines Daimler „W108“ zu Vorfahr- und Vorführzwecken mit einer neuen Lackierung wieder im alten Glanz erstrahlen zu lassen. Blöderweise ist so eine Lackierung nicht ganz billig. Unser angeschlagener Neureicher hatte sein Baby zu einer spezialisierten Lackierwerkstatt gebracht. Die Luxuslimousine sollte in Goldfarbe neu gespritzt werden, was den Lackierermeister absolut gefreut hätte, da ihm durch den Einsatz der Originalfarben ein überdimensionaler Gewinn entstanden wäre. Das Angebot des Lackierers katapultierte unseren Mandanten – wie damals James Bond – aus dem Schleudersitz seiner geliebten Nobelkarosse. Nachdem er auf dem Hosenboden der Tatsachen gelandet war, hatte unser 007 eine bahnbrechende Idee zur nachhaltigen Kostenreduktion und fragte den Lackierer hinter vorgehaltener Hand des Geheimdienstes:

„Was kostet es, wenn wir es schwarz machen?“

„Wesentlich weniger!“ war die erhoffte Antwort.

So wurden sich die beiden sehr schnell einig und vereinbarten einen Termin zur Abholung der Edelkarosse nach Vollzug der Aufhübschung.

Als wir nichtsahnend gemeinsam mit unserem Agenten Oberschlau die Limousine aus der Lackiererei abholten, wurde es diesem – im wahrsten Sinne des Wortes – schwarz vor Augen. Der Lackierer hatte nämlich sein Wort gehalten. Ein seiden glänzendes Schwarz, das an die Lackierung eines Pianos erinnerte, überzog das Schmuckstück. Hier wurde goldenes Handwerk offensichtlich mit Schwarzarbeit verwechselt.

Wir rieten 007 – angesichts der angespannten Liquiditätslage – dazu, nicht nur seine Oldtimer, sondern auch seine Einstellung auf den Prüfstand zu stellen.

Einer unserer vielen Vorschläge, nämlich sich von einigen seiner ehemals goldenen Schmuckstücke zu trennen und diese zu versilbern, um sein Unternehmen und seine Familie zu retten, kam bei ihm ebenso wenig an, wie ein Auto mit Getriebeschaden am Reiseziel.

So ging es ohne Sprit und mit angezogener Handbremse leider steil bergab. Wer die Autos nun fährt, wissen wir nicht. Wir waren bei der späteren Zwangsversteigerung nicht dabei.

Tipps für Unternehmen und Unternehmensberater:

Überdenken Sie als Unternehmer/in Ihre Einstellung und Ihre Prioritäten. Ein teures Hobby macht Spaß, wenn Sie sich dieses wirklich leisten können. An erster Stelle sollten Sie das Überleben Ihres Betriebs sichern. Dazu zählt auch die Bereitschaft, sich von einigen Dingen, die Sie nicht wirklich brauchen, trennen zu können. Eine emotional bedingte Fassade aufzubauen, um Ihr Unternehmen schöner oder erfolgreicher aussehen zu lassen, ist oftmals ein kostspieliger oder gar ruinöser Weg. Setzen Sie lieber auf eine kluge Strategie und eine gute Zusammenarbeit mit Ihren Geschäftspartnern, um die Werthaltigkeit Ihres Unternehmens langfristig zu sichern.

Unternehmensberatern empfehlen wir, nicht in kurzfristigen Dimensionen zu denken, sondern auch für den Mandanten unangenehme Sachverhalte zur Sprache zu bringen. Dies ist oftmals für den Erfolg des Unternehmens wichtig und so haben Sie die Möglichkeit, Ihre Mandanten langfristig als Kunden behalten zu können.

4. Die geheime Magie des Kobolds

Was passiert, wenn man die kleinen Leute unterschätzt

Viele von Ihnen kennen bestimmt noch den Meister Eder und seinen Pumuckl von Ellis Kaut. Meister Eder war ein Schreiner, bei dem ein kleiner Kobold hauste, der alles (Un-)Mögliche anstellte.

Eine kleine Schreinerei mit 3 Mitarbeitern im Schwäbischen beauftragte uns, in Erfahrung zu bringen, warum die Auftragslage in den letzten Monaten stark rückläufig war.

So fuhr ich zu Meister Eder und machte das, was Unternehmensberater immer als erstes tun: Eine Analyse der Daten vornehmen. Es ist schon seltsam, dass wir uns zunächst immer auf die Zahlen konzentrieren. Tagelang wälzten wir uns durch betriebswirtschaftliche Auswertungen, woraus man entnehmen kann, wie sich das Geschäft entwickelt hat.

Meister Eder vertraute dem Scharfsinn und den buchhalterischen Fähigkeiten seiner Frau, weil Frauen oft halt doch die besseren Unternehmerinnen sind. Gerade in kleinen Familienunternehmen führen diese meist die Buchhaltung und sind die ersten, die mit Schrecken erkennen, dass etwas nicht stimmt. Trotz des Vertrauens in seine Frau wollte Meister Eder dies nicht wahrnehmen, weil für ihn das Sägen und Hobeln in der Werkstatt wichtiger war als das Interesse, seinen Betrieb mit Zahlen zu führen, was man allgemein hin als Controlling bezeichnet.

Manchmal gibt es außer Zahlen jedoch auch einen Holzwurm, der sich durch Bretter bohrt, ohne dass die Unternehmerfamilie dies bemerkt. Um herauszufinden, wo dieser Wurm saß, fragte ich, seit wann denn Holz und Kohle sowie Aufträge im Unternehmen fehlten. Nach einigen Überlegungen waren sich Meister Eder und seine Frau einig:

„Seit etwa neun Monaten“.

Aus unseren Analysen, die wir vorher angestellt hatten, vermuteten wir zunächst, dass sich die mangelnde Auftragslage darauf zurückführen ließ, dass sich in den letzten Monaten in unmittelbarer Nachbarschaft ein schwedischer Dünnbrettbohrer-Konzern eingepflanzt hatte, um kleine Schreinereien mit nordischen Super-Sonderangeboten platt zu machen.

Täglich hobelten und drechselten die Mitarbeiter in der Werkstatt unseres Mandanten die Möbelstücke aus den restlich verbliebenen Aufträgen für Kunden, die individuelle Meisterleistungen verlangten, welche das schwedische Möbelhaus nicht bieten konnte. Hier ging es um qualitativ hochwertige und passgenaue Küchen, Schränke, Tische und Kommoden. Wir vermuteten also zunächst, dass die rückläufige Auftragslage an der Invasionspolitik fremdartiger Köttbullar mampfender Großkonzerne lag. Mein Gefühl und meine Erfahrung sagten mir jedoch, dass ein direkter Wettbewerb zwischen dem Regal-Billy und dem ortsansässigen Meisterbetrieb aus zielgruppenspezifischen Aspekten heraus eher unwahrscheinlich war. Lag es vielleicht an betrieblichen Organisationsstrukturen? Auf meine Frage hin, was vor neun Monaten im Unternehmen intern sonst noch passiert sein könnte, fiel der Frau von Meister Eder ein, dass just zu dieser Zeit ein Ausbildungsplatz geschaffen und ein junger Mann eingestellt worden war.

Nachdem sich Meister Eder mit seiner brot- und holzlosen Kunst in der Werkstatt beschäftigte und wir momentan keine weiteren Ratschläge mehr geben konnten, informierte ich mich, was der vor neun Monaten eingestellte Pumuckl im Unternehmen für Aufgaben erledigte.

„Der macht vormittags den Telefondienst."

Normalerweise sollten Schreiner-Auszubildende in der Werkstatt lernen, wie Späne fallen und kunstvolle Möbelstücke für individuelle Auftraggeber sowie Einzelstücke mit handwerklich hochwertigem Hintergrund meisterlich gefertigt werden. Stattdessen wurde der auszubildende Kobold vormittags zum Telefondienst verdonnert, um sich den Kundenanfragen anzunehmen. Das kam mir sehr verdächtig vor. Als Sherlock Holmes und Dr. Watson in einer Person sowie als CIA-Agent mit natürlicher Abhöranlage spitzte ich in einem sicheren Versteck im Hintergrund meine Ohren und den Bleistift, um herauszufinden und festzuhalten, welchen Schabernack so ein Kobold vielleicht betreiben könnte.

Sie werden mir nicht glauben, wie ein Unternehmensberater völlig verzweifelt sein kann, wenn seine tagelangen Recherchen und Analysen zwar zu einem betriebswirtschaftlich fundierten Ergebnis führen, aber die Menschen hinter den Zahlen vernachlässigt werden. Ich hörte mit, was der Auszubildende am Telefon zu den Kunden sagte. Er nahm den Hörer ab und in seinem urschwäbischen Dialekt minimierte er seinen persönlichen Stress, indem er den Kunden die frohe Botschaft verkündete:

„Hier isch die Firma Raschd und Ruh', morgens g'schloss'n, mittags zu."

Anschließend legte er ohne weiteren Kommentar den Hörer auf.

Nachdem ich als datenorientierter Unternehmensberater dies vernommen hatte, fielen mir nicht nur die BWA sondern auch der Stift und das Protokoll aus der Hand. Ich stellte auch noch fest, dass Zahlenanalysen nichts wert sind, wenn man es mit Ignoranten zu tun hat. Dazu zählte nicht nur der kleine Kobold, sondern auch Meister Eder und seine Familie, die nicht bemerkt hatten, dass so ein Kleintroll, wenn er nicht richtig gefordert wird, schlimmen Schabernack treiben kann.

Wir setzten uns dann im Kreise der Pumuckl-Geschädigten zu einem informellen Meeting zusammen, um zu besprechen, ob die Schreinerei in Zukunft nicht lieber Planken für Schiffe bauen sollte, um die Meuterei auf der Bounty zu vermeiden und kleine Kobolde Kiel holen zu lassen. Es genügte dann aber eine Abmahnung an Pumuckl und eine neue Arbeitsaufteilung.

Seitdem sind Meister Eder und seine Frau von den Attacken eines poltergeisternden Kobolds befreit und Kundenanrufe können wieder entgegen genommen werden.

Tipps für Unternehmen und Unternehmensberater:

Bitte überprüfen Sie als Unternehmer/in permanent die Qualifikation und Motivation Ihrer Mitarbeiter, denn diese sind immer die Stütze Ihres Unternehmens. Wenn die Zahlen nicht passen, liegt dies oft an Menschen, die diese Zahlen verursachen. Leider wird in der heutigen Zeit der Wert Ihres Personalstamms in der Bilanz nicht aktiviert, Geräte oder Maschinen jedoch schon. Dies dient Kreditinstituten dann als Sicherheit. Ihre Mitarbeiter werden allerdings nicht als Sicherheitsfaktor betrachtet. Was kostet es wohl, einen erfahrenen Mitarbeiter kurzfristig zu ersetzen? Unserer Meinung nach gilt der Grundsatz zur Personalpolitik: „fordern und fördern". Dann haben Sie die Voraussetzungen für einen erfolgreichen Führungsstil geschaffen.

Unternehmensberatern empfehlen wir, nicht nur die Zahlen des Unternehmens zu analysieren, sondern auch die Menschen, welche diese Zahlen produzieren. Führen Sie daher Instrumente zur Personalentwicklung ein und besprechen Sie die Vorgehensweise mit Ihren Mandanten.

5. Eine Bank ist wie eine Pralinenschachtel...

Wie unterlassene Hilfeleistung zu unerwarteten Ergebnissen führen kann

Es gibt zwei verschiedene Arten von Menschentypen, die sich im Wesen kaum voneinander unterscheiden. Wenn sich Arroganz und Ignoranz mit Dummheit paaren, kann es sich nur um einen Politiker handeln oder um einen Banker. Bei den Politikern macht dies auch Sinn, denn ich besuchte einmal einen politischen Rhetorikkurs in Wildbad Kreuth mit dem Titel: „Zwei Stunden reden, ohne etwas zu sagen“. Was anderes wird von Politikern auch nicht erwartet und wird uns täglich in den Medien präsentiert.

Bei manchen Bankern ist das häufig vergleichbar. Auch diese reden bisweilen zwei Stunden ohne Aussage und blasen nebenher noch Luftballons auf, deren heiße Luft sogar die Gravitationstheorie von Isaak Newton in den Schatten stellt. Durch das bewusste Platzenlassen der Ballons wird ein Luftdruck erzeugt, der den Kunden nicht nur am Atmen hindert, sondern auch die letzten verbliebenen Kopfhaare entfernt. Meiner Meinung nach sollte jeder Politiker oder Banker, bevor er seines Amtes würdig ist, drei Aufgaben erfüllen:

1. Ein Jahr lang LKW fahren, um zu sehen, wie es auf den Straßen zugeht.

2. Ein Jahr lang Altenpflege betreiben, um zu sehen, wie es Menschen im Alter geht, die uns in die Welt gesetzt haben und was es heißt, Verantwortung für andere Menschen zu tragen.

3. Ein Jahr lang beweisen, dass man erfolgreich einen kleinen Familienbetrieb führen kann.

Erst unter diesen Voraussetzungen gestehe ich als Unternehmensberater Politikern oder Bankern die Würde zu, die Verantwortung ihres Jobs tragen zu können. Dummerweise ist das in der heutigen Gesellschaft nicht üblich, machbar und gewollt, weil niemand die nötige Erfahrung gesammelt hat, um jenseits des Horizonts seines Tellerrandes hinauszublicken.

So kam es eines Tages zu einer Begegnung der unheimlichen Art mit zwei Bankerinnen, die ebenfalls genauso gut Politikerinnen hätten sein können. Wir trafen uns an einem wunderschönen Junitag mit viel Sonnenschein bei einer Bank im mittelfränkischen Gefilde, um über eine absolut hirnrissige und seit geraumer Zeit bestehende Finanzierung des Kreditinstitutes zu diskutieren.

Unser Mandant, ein Formenbauer, kaufte von seinem Onkel ein Unternehmen und vertraute auf die Loyalität der Verwandtschaft, was sich als Trugschluss erwies, so dass er einen immens überhöhten Kaufpreis an seine verwandtschaftlichen Vampirfledermäuse bezahlte, die ihn nicht nur finanziell, sondern auch persönlich aussaugten. Die Bank unterstützte dieses Vorgehen offenbar mit bewusstem Wegschauen, um höhere Zinseinkünfte zu erzielen. Dies führte auf Dauer zur oben genannten Luftballon-Situation und unser Mandant verstand nicht, warum er trotz jahrelanger Zins- und Tilgungszahlungen plötzlich nicht mehr kreditwürdig war. Das ist Ignoranz seitens der Bank, welche nicht einmal die Angemessenheit des Kaufpreises oder die erforderliche Kapitaldienstgrenze ermittelt hatte.

Und jetzt erzähle ich Ihnen mal etwas über die oben genannte Arroganz, Impertinenz und Frechheit, woraus sich automatisch Dummheit ergibt. Zwei völlig unwissende Jungbankerinnen sowie der halb demente Steuerberater unseres Mandanten nahmen an der Besprechung teil. Es ist nicht nur so, dass manche jungen, unerfahrenen Menschen keine Ahnung und keinen Einblick vom richtigen Leben haben, sondern dass auch ältere Menschen, die sich Steuerberater nennen und denen man eine gewisse Erfahrung zusprechen möchte, diese häufig eben doch nicht besitzen. So stellte meine Geschäftspartnerin und Buchhalterin z.B. im Vorfeld fest, dass die wilde Verbuchung von Zins- und Tilgungsleistungen steuerlich in der betriebswirtschaftlichen Auswertung so dargestellt wurde, als wäre das richtig. Was es aber nicht war. Gleichzeitig wunderten wir uns darüber, warum seitens des Kreditinstitutes zwei Girokonten geführt wurden, eines mit 50.000 Euro im Plus und eines mit 50.000 Euro im Minus. Hätte unser Mandant seine +50.000 Euro angelegt, hätte er Zinsen erhalten, was ihm die Bank jedoch nicht zugestand. Auf der anderen Seite musste er für seine 50.000 Euro im Minus etwa 10% Zinsen bezahlen.

Das Einfachste und Sinnvollste wäre doch gewesen, man hätte die beiden Konten zusammengeführt, um diese auszugleichen, was die Geschäftspolitik des freundlichen Kreditinstitutes jedoch nicht zuließ.

So trafen wir uns an jenem besagten, wegweisenden Sommertag mit den beiden Bankerinnen im Kreditinstitut, die sich als kompetente Amazonen ausgaben. Die Chefin – jetzt haben wir den Namen einmal mehr bewusst geändert – hieß Frau Brillenschlange. Ihre Kollegin möchte ich als Frau Xantippe bezeichnen, was in der griechischen Mythologie so viel bedeutet wie ein zeterndes Weibsbild oder eine bösartige Hexe. Und diese beiden Jungbankerinnen wollten uns glatt weismachen, was mit dem Unternehmen nicht stimmte.

Unser Mandant und seine Gattin fühlten sich wie Hänsel und Gretel im Lebkuchenhaus, kurz bevor die böse Hexe beide verschlingen würde. Frau Brillenschlange setzte zum gegebenen Zeitpunkt ihre Glotzbrille ungefähr zwei Zentimeter tiefer in Richtung Nasenspitze, betrachtete uns mit ihren stahlblau-stechenden Augen über den Brillenrand hinweg und konfrontierte uns damit, dass die Zahlen ihrer Meinung nach wohl nicht passten. Dies lag daran, dass die unerfahrenen sowie minderbemittelten Jungspunde nicht einmal bemerkten, dass die ihnen vorliegenden Daten, über die wir sprachen, überhaupt nichts mit dem Unternehmen unseres Mandanten zu tun hatten und von einem anderen Bankkunden stammten. Um diese Peinlichkeit zu überspielen, trug Frau Brillenschlange Frau Xanthippe auf, die aktuellen Auswertungen für den weiteren Verlauf des Hexensabbats zu holen. In der Zwischenzeit versuchte sie, dem Steuerberater ein paar Informationen zu entlocken. Der Steuerberater, dessen Namen wir in Herrn Tzatziki geändert haben (was übrigens nichts mit der Griechenlandkrise zu tun hat), grunzte lediglich ein „Ääh“ und wusste nicht, warum er nach einer über halbstündigen Verspätung überhaupt anwesend war. Selig sind die geistig Armen, denn sie werden das Himmelreich erlangen, wie Jesus schon in der Bergpredigt sagte. Und das trifft auf Steuerberater und Banker oftmals gleichermaßen zu.

Kennen Sie aus der griechischen Mythologie den Sisyphos, der Zeit seines Lebens dazu verdammt war, jeden Tag einen Stein auf den Berg seines Lebens zu rollen, um ihn dann runter fallen zu sehen und ihn am nächsten Tag wieder an die gleiche Position zu bringen? Die Frage stellt sich, wer diesen Stein immer wieder knapp vor der Zielerreichung nach unten stößt, um den armen Menschen noch weiter zu versklaven.

Steine, Kohle, Schotter, Kies sind für manche Finanzierungspartner oder Steuerberater wohl ein Anreiz zur weiteren Ausbeutung der Menschheit. Was glauben Sie, was passiert, wenn diese Unwesen weder Zinsen noch Honorare erhalten? Dann werden sie sauer und ziehen im Anflug von Größenwahn die Würgeschlinge wie eine Python noch enger um den Unternehmer, um die letzten Geldreserven herauszupressen.

Nachdem dies die Wahrheit ist und nichts als die Wahrheit, rieten wir unserem Mandanten dazu, zu überprüfen, ob er denn nicht ein planmäßiges und in diesem Fall notwendiges Insolvenzverfahren anstreben sollte, weil angesichts der verfahrenen Situation mit der Bank keine unmittelbare Zahlungsfähigkeit mehr gegeben war. Aufgrund der fortwährenden Widerwärtigkeiten des Kreditinstitutes führte das von der Bank initiierte Burn-Out-Syndrom der Unternehmer-Gattin zu psychosomatischen Attacken, welche in einem Krankenhausaufenthalt mündeten. Leider können wir Banker nicht dafür verantwortlich machen, dass sie so etwas auslösen.

Kurz vor der Katastrophe, welche die Familiengemeinschaft unseres Mandanten beinahe hätte zerbrechen lassen, fällte die Familie gemeinsam die richtige Entscheidung: „Wir geben auf". Wir empfahlen daraufhin einen Insolvenzverwalter einzusetzen, um neue Wege zu beschreiten.

Und?

Es hat funktioniert.

Seitdem lebt die Unternehmerfamilie in Frieden, Ruhe und Gesundheit. Steine werden nicht mehr auf den Berg getragen, sondern aus dem Weg geräumt. Das Unternehmen wurde von einem Großkunden gekauft und alle Arbeitsplätze konnten erhalten werden. Frau Brillenschlange und Frau Xanthippe werden jedoch auch angesichts dieses Falles vermutlich nichts dazu lernen. Sie können den nächsten Kunden von der Klippe schubsen und weiterhin ihre unterlassene Hilfeleistung betreiben, was normalerweise strafbar sein sollte.

Tipps für Unternehmen und Unternehmensberater:

Vertrauen Sie Kreditinstituten oder der Steuerkanzlei nur dann, wenn Sie sicher sind, dass Sie nicht über den Tisch gezogen werden. Holen Sie sich Rat von Experten und Dritten ein, bevor Sie irgendwelche Verträge unterzeichnen. Ziehen Sie zu wichtigen Bankgesprächen stets Personen Ihres Vertrauens hinzu, welche sich mit Geldgeschäften auskennen. Nehmen Sie Ihre Zahlen selbst in die Hand. Dann haben Sie die Sicherheit, Ihr Unternehmen valide in Eigenregie zu führen und werden nicht mehr fremdgesteuert.

Unternehmensberater sollten darauf achten, dass die vorliegenden Auswertungen schlüssig sind und die betrieblichen Zahlen stets auf Plausibilität prüfen.

6. Schwarzriesling und das Finanzamt

Wie einem Winzer warm ums Herz werden kann

„Wein her, das ist ja zum Weinen!“, sagte einst ein Legionär im Comic von Asterix und Obelix, weil er sehr traurig war. In Unterfranken gibt es einen Landstrich, der aus vielen „Wein“-Bergen besteht, wobei die Berge gar nicht so traurig sind, wie man vom Namen her meinen könnte.

Einmal beauftragte uns ein Winzer, den ich als Witzler bezeichnen möchte, seine Buchhaltung zu analysieren, weil das Finanzamt eine Steuerprüfung angeordnet hatte.

Er besaß sogar einen ausgesprochen fröhlichen Weinberg mit einem wunderbaren Ausflugslokal. Ich wusste nicht, dass viele Winzer Wein „schwarz“ anbieten. Ich kannte bis dahin nur Rot- und Weißweine, aber keinen „schwarzen“ Schwarzriesling, was mich an die Geschichte mit dem goldenen Mercedes erinnert.

Bei der Durchsicht der Unterlagen und nach einigen Gläsern Wein, welche uns während der

Beratung angeboten wurden, kamen wir auf die Idee, eine Kassenprüfung durchzuführen. „Kasse hammer net!“, war die Reaktion unseres Winzers. So waren wir tagelang beschäftigt, die Buchhaltungsunterlagen zu prüfen, um festzustellen, dass die produzierte Menge an Wein bei Weitem nicht der verkauften Menge entsprach. Hatte unser Winzer die fehlende Menge vielleicht selbst verköstigt?

Viele Liter Wein sind wohl seitdem jenseits des Mains in dunkle Kanäle und Flaschen geflossen, ohne jemals steuerlich beim Finanzamt anzukommen. Tatsache war: Unser Traubenpresser hatte ein steuerliches Problem.

Nachdem wir selbst keine steuerliche Beratung durchführen dürfen, waren wir mit unserem Latein am Ende. Mich interessierte noch abschließend, in welcher Generation das Weingut betrieben wurde. In Unternehmensberater-Kreisen gibt es einen einfachen Wahlspruch zu Familienunternehmen, der folgendermaßen lautet:

- Der Erste erstellt's
- Der Zweite erhält's
- Beim Dritten verfällt's

Oh je, es war tatsächlich die dritte Generation.

An einem goldenen Oktoberabend zog sich unser Winzer ohne unser Wissen mitsamt seinen Buchhaltungsunterlagen in die Gefilde seiner Keller-Kemenate zurück und überlegte sich, was nun zu tun sei.

Er war wohl der Meinung, dass so ein Winzergut einem selbstauferlegten Brandbeschleuniger schutzlos ausgesetzt ist.

Schlimmer geht's nimmer.

Wir wussten nicht, dass Winzer auch Pyromanen sein können und so entfachte er ein fröhlich loderndes Feuer, um durch seine Geschäftspapiere angesichts des nahenden finanziellen Winters eine angenehme Wärmesituation hervorzurufen. Wir waren - was uns äußerst selten passiert - sowohl sprach- als auch ratlos.

Tags darauf traf die Steuerprüfung ein und wollte sämtliche Geschäftspapiere der vergangenen Jahre einsehen. Der Winzer eröffnete dem Finanzbeamten daraufhin, dass ihm peinlicherweise alle steuerlich relevanten Unterlagen wegen des lodernden Kellerbrandes am Vortag abhanden gekommen seien. Der Finanzbeamte plädierte auf einen Straftatbestand, worauf unser Oberschlau-Winzer auf einer Ordnungswidrigkeit bestand. So ging das eine ganze Weile hin und her. Das Finanzamt gab letztendlich wohl irgendwann auf und zog sich nach dem Zeitpunkt der Spätlese offensichtlich zurück.

Wenn Sie wissen möchten, wo man kostengünstig „Schwarz"-Riesling erwerben kann, rufen Sie uns lieber nicht an.

Tipps für Unternehmen und Unternehmensberater:

Sollten Sie als Unternehmer/in einmal Probleme mit dem Finanzamt haben, weil Sie Ihre Umsatz- oder Einkommensteuer nicht rechtzeitig oder in einem Betrag entrichten können, da Sie aktuell Liquiditätsprobleme haben, dann sprechen Sie mit Ihren Finanzbeamten. Schließlich sind diese - im weitesten Sinne - Ihre Mitarbeiter. Denn durch Ihre Steuerzahlungen finanzieren Sie selbst deren Lebensunterhalt. Beamte sind auch nur Menschen, und glauben Sie mir: Sie können mit diesen auch verhandeln.

Unternehmensberatern raten wir dazu, im Rahmen der Erstellung von Liquiditätsplänen und Tragfähigkeitsanalysen das Finanzamt aktiv mit einzubeziehen, um die Zahlungsfähigkeit des Mandanten sowie die eigenen Honorare zu sichern.

7. Das Geheimnis der Besenkammer

Wie eine Unternehmerfamilie Paroli bietet

Kennen Sie den Blick von Unternehmern, welche mürrisch über den Tellerrand ihrer eigenen Bilanzen blicken und zwar ahnen, dass sie von ihrem Finanzierungspartner seit Jahrzehnten übers Ohr gehauen wurden, aber nicht wissen warum?

So trug es sich in der nördlichen Oberpfalz zu, dass eine Unternehmerfamilie 45 Jahre lang von einem roten Tuch mit weißer Aufschrift so stark eingewickelt wurde, dass sie liquiditätsseitig keine Luft zum Atmen mehr bekam. In diesem Falle verstehen wir uns als Unternehmensdoktor, um festzustellen, woher die Asthmaanfälle des Unternehmers herrühren könnten. Ist das Unternehmen krank oder ist der Finanzierungspartner unter Umständen der natürliche Feind des Asthmatikers?

Nachdem die Luft dem Unternehmer komplett ausgegangen war und er künstliche Beatmung brauchte, führten wir ein Gespräch mit dem roten Torero und seinen Mannen sowie der verfeindeten Mannschaft der blau-weißen Genossen. Gleichzeitig waren die Kreditvorstände einer Großbank aus München sowie aus Berlin, Steuerberater aus der Region und weitere wichtige Personen aus Politik und Wirtschaft im Raum anwesend, die offensichtlich den Schulabschluss im Lesen und Schreiben nicht geschafft hatten, besonders wenn es um Bilanzen und Konzepte geht.

Das Unternehmen aus der Baubranche beschäftigte zu diesem Zeitpunkt etwa 100 Mitarbeiter und das Ergebnis stand mit minus 500.000 Euro auf dem tiefsten Punkt des Ratingbarometers, so dass die Chancen für einen Wetterumschwung ohne zusätzlichen Monsun ausgesprochen ungünstig ausfielen.

Nachdem viele Kredithaie den Brei verderben, konnte im Laufe des Gesprächs zunächst kein gegenseitiges gaumenverträgliches Einverständnis gefunden werden, wie und wer das Unternehmen noch weiter finanziell auslutschen könnte. Man muss nochmals betonen, dass die Unternehmer ihre Firma schon seit 45 Jahren von dem Kreditinstitut mit dem roten Tuch und den weißen Buchstaben begleiten ließen, ein Umsatzvolumen von durchschnittlich jährlich 10 Millionen Euro aufwiesen und der Kapitaldienst (Zins und Tilgung) jederzeit gewährleistet war. In diesem Zusammenhang ist zu erwähnen, dass die beiden Unternehmer den Familienbetrieb in dieser langen Zeit erfolgreich aufgebaut hatten und die damals finanzierende Bank (die Toreros) jährlich etwa 40.000 Euro an Zinsen verdienten, was über 45 Jahre einem Betrag von rund 1,8 Millionen Euro entspricht. Daneben bestand noch eine Kontoverbindung mit den „Weiß-Blauen“.

Die Unternehmer benötigten zu diesem Zeitpunkt eine Investitionssumme von etwa 1 Million Euro, um die Wettbewerbsfähigkeit zu sichern. Die Toreros, die kurz davor standen, die Arena zu verlassen, wurden unsererseits festgehalten, um sich dem Stierkampf zu stellen. Toreros sind schlaue Menschen und die blau-weißen Genossen sind auch nicht blöd. Nach kontrovers intriganten Diskussionen im Beisein aller Beteiligten, schickten die Toreros ein Torpedo ab mit der Aufschrift:

„Sie sind nicht mehr kreditfähig!“

Wenn Sie mit Ihrem U-Boot auftauchen wollen, das Periskop jedoch nicht mehr über die Wasseroberfläche reicht, weil die Sauerstofftanks nicht mehr mit Liquidität geflutet werden können, stellen Sie sich doch die Frage: Warum?

„Für eine weitere Kreditvergabe sind Sie zu alt!“, sagten sie,

„Der Seniorchef ist 85 Jahre alt!“, sagten sie,

„Die Nachfolgeregelung ist nicht gewährleistet!“, sagten sie.

Worauf der Seniorchef konterte: „Ich hab‘ doch einen Sohn, der die Geschäfte führen wird!“

„Ihr Sohn ist mit 55 Jahren auch nicht mehr kreditwürdig!“, sagten sie.

Hier war die Maß voll und es ging zu wie abends auf dem Oktoberfest. So knallten die verbalen Maßkrüge durch die Gegend und ich musste als Schlichter im Festzelt agieren, um körperliche Blessuren bei allen verfeindeten Parteien zu vermeiden. Wobei es durchaus amüsant anzusehen gewesen wäre, wenn der 85-jährige Unternehmer den Bankern die Lederhosen stramm gezogen hätte. Lebkuchenherzen, Brezeln und auch Zuckerwatte waren auf dieser Veranstaltung ohnehin nicht zugelassen. Unser Methusalix ließ sich jedoch tatsächlich nicht ins Bockshorn jagen und bestand auf einer einvernehmlichen Lösung. Denn, stellen Sie sich vor, was in einer strukturschwachen Region passieren könnte, wenn die beteiligten Banken keine gemeinsame Lösung finden können. Viele Mitarbeiter des Unternehmens hatten ihre privaten Häuser oder Eigentumswohnungen über die Kreditinstitute im lokalen Umkreis finanziert. Wenn das Unternehmen nun den Löffel abgeben müsste, gäbe es eine Zwangsversteigerung aufgrund einer Insolvenz, was ebenfalls zur Zahlungsunfähigkeit der Mitarbeiter und ihrer Familien führen würde. Und das ist ein Politikum. Der Landrat des Kreises war an diesem Gespräch ebenfalls anwesend und erkannte als Einziger die Problematik.

In meiner Verzweiflung fiel mir nur eine Lösung ein. Wir sperren Toreros und Weiß-Blaue in einen Raum in der Größe einer Besenkammer und stellen ein Ultimatum von 30 Minuten, um im Pokerspiel einen Royal Flash für die Unternehmer rauszuholen. Diese waren in diesem Spiel genau genommen keine Mitspieler, weil die zuständige Bank die Karten in der Hand hielt mit ignoranten Vorständen, welche die jahrelange Treue und Zahlungswilligkeit ihres Kunden mit Füßen traten und die erbrachten Zins- und Tilgungsleistungen nicht zu würdigen wussten.

Die Spielregeln gegenüber den Bankern lauteten:

„Sie begeben sich jetzt ins Nebenzimmer und reden solange miteinander bis eine Konsortialfinanzierungslösung gefunden wird!“

Das bedeutet eine gemeinsame Finanzierung durch beide Banken, um den Fortbestand des Unternehmens und alle Arbeitsplätze zu sichern. Das Prozedere sollte zwischen den Bankern in der abhörsicheren Besenkammer erfolgen und für die restlichen beteiligten Anwesenden nicht nachvollziehbar sein. Ich drehte (verbal) persönlich den Schlüssel im Schloss um und gab die Anweisung, bei Ergebnissen zu klopfen.

Nach 29 Minuten gab es offensichtlich eine Einigung. Hierbei gab es weder rote Blessuren, noch blaue Augen, denn Banker sind auch Diplomaten und sehr höflich, aber nur im Umgang mit ihresgleichen.

Nach feierlicher Öffnung der Besenkammer setzten sich beide Banker an den Tisch und - siehe da - sie unterschrieben einige Tage später die bereits vorbereiteten Umstrukturierungsmaßnahmen im Hinblick auf die Darlehensvergabe.

Bereits im zweiten Jahr nach der Besenkammer lag das Unternehmensergebnis unseres Mandanten bei einer schwarzen Null und im dritten Jahr erzielte die Unternehmerfamilie einen Gewinn von 500.000 Euro. Innerhalb von drei Jahren hatte sich das Ergebnis unserer Mandanten somit um 1 Millionen Euro verbessert.

Manchmal muss man eben Banker einsperren, um den Unternehmern Türen zu öffnen, damit deren Mitarbeitern der Schlüssel gereicht werden kann, um weiterhin für ihre Familien sorgen zu können.

Tipps für Unternehmen und Unternehmensberater:

Lassen Sie sich als Unternehmer/in bitte nicht von Banken ins Bockshorn jagen. Sie sind letztendlich Kunde und die Bank ist Ihr Lieferant. Was die Bank verkauft, ist Geld und den Preis dafür nennt man Zins. Gehen Sie niemals als Bittsteller zu Ihrem Kreditinstitut, denn sonst haben Sie verloren. Die Geschäftsbeziehung besteht immer auf Gegenseitigkeit.

Als Unternehmensberater sollten Sie sich bitte die Frage stellen, für wen Sie arbeiten. Für Ihren Mandanten oder für die Bank? Treffen Sie hierzu eine weise Entscheidung und fragen Sie sich bitte auch, wer Sie letztendlich bezahlt.

8. Der Imperator verliert immer

Wie Habgier den Menschen zur Ignoranz verführt

„Möge die Macht mit Euch sein!“, sprach einst Meister Yoda aus der Star-Wars-Saga zu seinen Jedi-Rittern.

Doch wenn so ein machthungriger Darth Vader daher kommt, ergreift die dunkle Seite der Macht manchmal auch den Unternehmensberater. Und wenn sich so ein Darth Vader dann noch als Mandant herausstellt, könnte man flugs in die Luft gehen und in den Weltraum abheben.

Über viele Jahre hinweg hatten wir ein Bauunternehmen in Thüringen beraten und dieses mit wohlmeinenden Jedi-Weisheiten beglückt. Wahrscheinlich war der Unternehmer bereits von der dunklen Seite der Macht ergriffen oder er war taub geworden oder er ärgerte sich einfach nur darüber, dass wir von der Bank als Berater eingesetzt worden waren, um ihn von seinen finanziellen Schwierigkeiten zu befreien. Nach bestem Wissen und Gewissen schlugen wir umfangreiche Maßnahmenpläne vor, die mit aller Vehemenz und großem Fleiß vom Unternehmer ignoriert und sabotiert wurden.

So kam es dann zu den Klonkriegen zwischen uns, dem Mandanten und der Bank. Darth Vader wollte den Todesstern Bank mit allen Mitteln aus seiner Umlaufbahn schubsen und uns dazu als Fernlenkwaffe missbrauchen. Wir ließen uns zähneknirschend auf die Forderungen von Herrn Vader ein und verhandelten tagelang mit dem Todesstern. Dieser gab irgendwann erstaunlicherweise nach und so konnten wir erreichen, dass von den insgesamt 3 Millionen Euro Bankverbindlichkeiten nur noch zwei Drittel zu bezahlen gewesen wären, weil sich die - in diesem Falle sehr kooperative - Bank auf einen Teilforderungsverzicht eingelassen hatte. Zudem konnten wir es mit unseren Jedi-Künsten schaffen, den Zinssatz für den Kontokorrentkredit von 8,9 % auf 2,5 % zu reduzieren. Das entspricht dem normalerweise schier Unmöglichen.

Stolz auf unsere Verhandlungstechnik und das erreichte Ergebnis trafen wir uns zu einem persönlichen Gespräch mit dem Mandanten und der Bank, um dem Unternehmer die Chance zu geben, den Sieg über das Bankenimperium zu finalisieren.

Wissen Sie, was Gier aus einem Menschen machen kann? Wissen Sie, wie es ist, wenn man als Unternehmensberater eine Million Euro an Schuldenerlass erwirkt hat und Herr Vader darauf hin sagt: „Das ist mir zu wenig!“? Gedanklich hatte ich in diesem Moment Darth Vader mit meinem Laserschwert bereits enthauptet, erhob mich vor allen Beteiligten aus dem komfortablen Besprechungsstuhl und kündigte mit Lichtgeschwindigkeit den bestehenden Beratungsvertrag mit dem Mandanten. Wenn man die ferne Galaxie nicht erreichen kann, ist es bisweilen angebracht, auf den Heimatplaneten zurückzukehren und die „Clownkriege“ anderen zu überlassen. In einem solchen Moment sind Honorare nicht mehr wichtig, sondern die Bewahrung des Stolzes und der Würde sowie die Einsicht, dass man nur helfen kann, wenn sich der Mandant auch helfen lässt.

Am Schlimmsten war für mich, dass die Bank ihr Angebot auch noch drei Monate zurück datiert hätte, so dass zusätzlich zehntausende an Euros für Zins und Tilgung in der Unendlichkeit des Weltenraums entschwunden wären.

Soviel Dummheit, Ignoranz und Beratungsresistenz führen dazu, dass der Unternehmer nun bis in alle Ewigkeit in der unendlichen Gravitationskraft des Todessterns gefangen bleiben wird, es sei denn, es taucht plötzlich ein schwarzes Loch auf, was man gemeinhin als Insolvenz bezeichnet. Dann wäre der Unternehmer frei und könnte in den multidimensionalen Raum abdriften, um weitere Galaxien mit seiner starrsinnigen Hartnäckigkeit zu beglücken.

Tipps für Unternehmen und Unternehmensberater:

Überdenken Sie als Unternehmer/in bitte die Leistungen Ihres Unternehmensberaters. Dieser hat nur eingeschränkte Möglichkeiten in Bankverhandlungen. Sehen Sie das Erreichte bitte realistisch und fordern Sie nicht zu viel.

Unternehmensberatern empfehlen wir, die Zusammenarbeit mit strikt beratungsresistenten Mandanten auf einen persönlichen Prüfstand zu stellen. In manchen Fällen kann es sinnvoll sein, bestehende Beratungsverträge zu kündigen, um den Kopf für neue Projekte frei zu haben und keine weiteren Repressalien von Bankenseite oder Mandantenseite mehr erleiden zu müssen.

9. Fränkisches Sauerkraut hat Tradition

Wenn die Erben sauer werden

Als Crowdfunding bezeichnet man eine Marketing- und Finanzierungsstrategie, die darauf abzielt, Sponsoren zu gewinnen und – neben Geldern - auch Impulse für ein effektives Empfehlungsmarketing zu erlangen.

Es war einmal eine Sauerkrautfabrik, bei der sowohl die finanzierende Bank, als auch das Unternehmen selbst sauer war, weil sie ihr Kraut nicht zu einem angemessenen Preis an die bestehenden Stammkunden verkaufen konnten.

Sauerkraut wird gemeinhin aus Kohlköpfen gemacht. Manchmal sind aber auch Hohlköpfe beteiligt, welche das Kraut so richtig sauer machen können. Um so einen kapitalen Hohlkopf zu einer Anschlussfinanzierung zu bewegen, bedarf es einigen Stampfens mit den Füßen, um das Kraut weich zu machen. Und wenn ein Hohlkopf-Banker nicht in der Lage ist, weiteres Kraut in Form von Euros einzubringen, stellt sich für den Unternehmensberater schon die Frage, wie er die Krauts soweit bringen kann, zusätzliches Kapital zur Aufrechterhaltung ihres Betriebes zu besorgen.

Nachdem das über die Bank nicht möglich war, machten wir uns Gedanken, wie wir dies alternativ erreichen sollten. Zunächst versuchten wir es über Umsatzsteigerungen mit amüsanten Marketingmaßnahmen, die aufgrund nicht vorhandener finanzieller Mittel sowie unbezahlter Lieferantenrechnungen an die regionalen Kohlkopfbauern möglichst ohne Kosten durchgeführt werden mussten. Dazu eignen sich redaktionelle Pressemitteilungen hervorragend. Ich sah mir den Betrieb genau an und fragte die Krauts, warum sie den hochwertigen Sauerkrautsaft, der aus der Produktion als Abfallprodukt entsteht, nicht weiterverkauften. Wenn Sie heute im Lebensmittel-Einzelhandel eine Flasche Sauerkrautsaft erwerben, sind Sie im Preisniveau schon beinahe bei einem mittelprächtigen Frankenwein. Und so kam es dazu, dass ich den Krauts eine Strategie empfahl, um ihre Umsätze zu steigern.

Nachdem keine Mittel für teure Werbekampagnen zur Verfügung standen, aktivierten wir die Kindergärten aus den umliegenden Gemeinden, um den Kindern zu zeigen, wie Sauerkraut entsteht und in die Dose kommt. Zusätzlich informierten wir die glücklicherweise sensationsgeilen Reporter und Berichterstatter des lokalen Fernsehens, des Rundfunks und der Presse.

Man muss sich vorstellen, wo die Sauerkrautfabrik liegt. Das ist in Franken unterhalb des heiligen Bergs der fränkisch-keltischen Vorfahren, dem sogenannten „Walberla“. Einige Kilometer entfernt befindet sich eine florierende Metropole des fränkischen Umlandes namens Erlangen. Erlangen ist eine Studentenstadt und die Einwohner bewegen sich, entweder mangels Masse an Kapital und Parkplätzen oder aus umweltaktivistischen Gründen, vorwiegend auf dem Fahrrad. Es soll Gerüchte geben, nach denen in zunehmendem Maße Aktivsenioren im Unruhestand auch Elektrofahrräder benutzen, um die Ausläufer der fränkischen Schweiz in der Umgebung zu erreichen.

So kam es dazu, dass wir an einem warmen und sonnigen Juli-Tag die „Tour de Franken" auslobten, um die ersten Rennradfahrer auf dem Gelände der Sauerkrautfabrik mit dem gelben Trikot auszuzeichnen.

Eine besondere Attraktion war das barfüßige Stampfen der Kindergartenkinder aus der Umgebung in swimmingpool-artigen Becken, die mit gehobeltem Kraut gefüllt waren. Da wurde die Arbeit nicht nur von Hand gemacht, sondern auch mit Füßen getreten. Der überschüssige Sauerkrautsaft (mit leichtem Käsegeschmack) wurde zunächst in Fässer und anschließend in Flaschen abgefüllt, um die erschöpften Radler aus der elitären Großstadt mit natürlichen Substanzen zur gesunden Darmstimulation zu versorgen. An diesem Tag brachte das ehemalige Abfallprodukt Sauerkrautsaft einen Umsatz von 2 Euro pro Liter ein. Wir überlegten uns im Anschluss, ob wir nicht noch zusätzliche Satteltaschen mit eingebauten Flaschenhaltern anbieten sollten, um das nahrhafte Gut in höheren Mengen in die Großstadt transferieren zu können.

Trotz erfolgreicher Umsetzung der Maßnahmen reichte der zusätzliche Ertrag jedoch leider nicht aus, um die Finanzlage kurzfristig im erforderlichen Maße zu verbessern.

Stellen Sie sich eine Sauerkrautdose vor. Um in den Genuss dieses wunderbaren Nahrungsmittels zu gelangen, benötigen Sie einen Dosenöffner. Diesen fanden wir bei den möglichen Erben der Unternehmerfamilie. Das Unternehmen war seit vier Generationen auf dem Markt und hatte eine entsprechend hohe Anzahl an Kohlköpfen im Familienkreis. Diese hatten schon in der Vergangenheit Ihren Erbteil teilweise eingefordert, um ihren persönlichen Konsum finanzieren zu können. So luden wir die Erbschleicher aus ganz Deutschland mit dem Vorwand ein, das zukünftige Erbe und dessen gerechte Verteilung zu regeln. Jeder dieser Hohlköpfe meinte wohl, er könne an diesem Tag noch eine entsprechende Quote aus dem Sauerkrautnachlass entdosen. Nachdem in der großen Familie Neid und Missgunst an der Tagesordnung waren, kamen sie alle.

So fuhren Menschen mit Porsche und Ferrari aus München, Bremen, Berlin, Hamburg und Erlangen vor, um vermeintlich Sauerkrautdosen in Euros zu wechseln. Nachdem der Finanzierungspartner im wahrsten Sinne des Wortes das Unternehmen einstampfen wollte, gab es nur eine Lösung: Kapitalbeschaffung durch Angehörige.

Wir bekämpften die Flammen in den Augen der gierigen Familienmitglieder mit einem verbalen Feuerlöscher, um eine Entscheidung herbeizuführen, jetzt Geld ins Kraut zu schießen, oder das zukünftige Erbe ein für alle Mal zu verlieren.

Am Ende des Tages waren die vermeintlichen Erben dann enttäuscht, dass sie keine weitere Tankfüllung für ihren Ferrari bekamen, sondern die Unternehmerfamilie mit einem kleinen Obolus weiterhin am Leben erhalten mussten, um ihr Erbe zu bewahren. Das taten sie dann auch im angemessenen Rahmen und wenn sie nicht gestorben sind, dann stampfen sie noch heute. Und diese Strategie nennt man dann „Krautfunding“.

Tipps für Unternehmen und Unternehmensberater:

Wenn Sie Unternehmer/in oder Gesellschafter/in sind und über einen kleinen oder großen Familienkreis verfügen, dann haben Sie bitte Acht vor der möglichen Habgier Ihrer Anverwandten. Finden Sie Strategien, um Ihr Unternehmen nicht plündern zu lassen. Wenn es um Erbsachen geht, stellen Sie im Vorfeld entsprechende Weichen zur Sicherung der Nachfolgeregelung und legen Sie Generalbevollmächtigungen und Patientenverfügungen notariell fest. Diese sind weitestgehend standardisiert und kosten weniger als 100 Euro. Denken Sie bitte auch daran, ein Testament aufzusetzen.

Unternehmensberatern empfehlen wir, auch an die Punkte Nachfolgeregelung, Gesellschafterstruktur, Erbschaft, Unternehmenssicherung, Altersvorsorge und Generalbevollmächtigung zu denken.

10. Heißer Sand und ein verlorenes Land...

Wie ein Unternehmensberater bisweilen seine Sicht im Sandsturm verliert

Die Seidenstraße war einst ein Handelsweg von Asien nach Europa. Viele Karawanen haben wichtige Etappenziele erreicht, landeten dabei meist jedoch in der Wüste.

Heutzutage nennt man die Karawanenführer Spediteure.

Im Gegensatz zu den Wüstenschiffen, die kostenfrei Wasser aus Quellen und Oasen aufnehmen konnten, können heute Lastkraftwagen, welche Frachten von einem zum anderen Ort bringen müssen, aus finanzieller Not manchmal nicht mehr auftanken. Wenn Treibstoff oder Wasser ausgehen, sind unsere Karawanenführer völlig hilflos und verirren sich in der wüstenhaften Einöde ihrer eigenen Geschäftspolitik.

Eine Logistikunternehmerin bat uns um Unterstützung zur Finanzierung ihrer Zielsetzung, zusätzliche Karawanen auf der heutigen Seidenstraße in Bewegung zu bringen. Neue Dromedare und

Kamele sollten in einem wohlbehüteten Stall der Karawanenführerin untergestellt werden.

Wir gehen stets davon aus, dass Vertrauen gegenseitig gewürdigt wird, übersehen dabei jedoch manchmal, dass einige Menschen glauben, sie wären ein Wüstenscheich, der nur das akzeptieren kann, was sein Holzkopf unter dem Turban erdacht hat.

Wir glaubten, dass unsere Vorschläge sattelfest seien und wir als stolze Beduinen auf hochgewachsenen Araberpferden die Karawane begleiten und sichern könnten. Dabei vergaßen wir jedoch, unsere eigenen Scheuklappen abzunehmen, um zu sehen, was hinter und neben uns geschieht. Wenn die Karawane sich dann im Kreis bewegt, nur ihren eigenen geographischen Orientierungspunkten folgt, und sich im Sandsturm verliert, dann kann man die Kamele nur noch laufen lassen. Einflussmöglichkeiten waren im konkreten Fall nun keine mehr vorhanden und unsere Wüstenlogistikberatung war damit sinnlos geworden.

Da wir ja die geplante Reiseroute durch die Wüste ausgearbeitet hatten, baten wir die Karawanenführerin um Begleichung des Honorars für unsere geleistete Arbeit. Wenn diese sich nicht an die vereinbarte Marschroute hält, bitte sehr.

Wir wollen nicht über Beduinen oder Tuareg herziehen, sondern nur über mittelfränkische Unternehmerinnen mit der Anmaßung, kostenfreie Beratungsleistungen abgreifen zu können, um die erarbeiteten Ratschläge dann zu ignorieren. Unseren Obolus erhielten wir dummerweise nicht und schalteten einen Rechtsanwalt ein, der unsere Interessen in der mittelfränkisch-arabischen Enklave vertreten sollte. Das war der nächste Fehler unsererseits. Diese Aktion kostete uns neben unserem bisher noch immer nicht bezahlten Honorar zusätzliche Anwaltsgebühren, welche sich ungefähr in gleicher Höhe bewegten wie unsere Forderung an die Unternehmerin.

Auch Unternehmensberater sind nur Menschen, die bisweilen Fehler machen und im Nachgang auf dem Kamel-Dung sitzen bleiben. Unser Fehler war es, nicht massiver und aktiver durchgegriffen zu haben. Wir hätten besser einen Interims-Management-Vertrag abschließen sollen.

Die Seidenstraße existiert nicht mehr. Die fränkische Karawanenführerin wurde zwischenzeitlich durch ihre Eigensinnigkeit in den Sandsturm des Insolvenzverwalters gezogen. Sie sitzt nunmehr mit ihrer Skrupellosigkeit gegenüber Mitarbeitern, Lieferanten, Kunden, Finanzbehörden, Steuerberatern, Unternehmensberatern sowie Banken in einer pfändungsfreien Oase, die sie jetzt mehrere Jahre nicht mehr verlassen darf. Unser Honorar haben wir bis heute nicht erhalten.

Tipps für Unternehmen und Unternehmensberater:

Als Unternehmer/in empfehlen wir Ihnen, den Ratschlägen Ihrer eingesetzten Berater zu vertrauen, da diese über viele Jahre hinweg entsprechende Erfahrungen gesammelt haben, damit Sie Ihr Unternehmen erfolgreich weiter entwickeln können. Die Investition in eine Unternehmensberatung sollte sich immer rentieren. Somit sollte die Beratung mittelfristig mehr erbringen, als diese kostet. Erfolge kann ein Berater jedoch nicht garantieren, da er nur Ihre persönlichen und unternehmerischen Entscheidungen vorbereitet. Entscheidungen treffen müssen Sie selbst.

Unternehmensberatern empfehlen wir, für die zu erbringenden Leistungen einen Vorschuss zu verlangen, um die eigene Liquidität zu sichern, Rechtsstreitigkeiten im Rahmen von Beratungsverträgen und AGB's bereits im Vorfeld zu vermeiden und Konzepte an Banken oder Kapitalgeber erst nach vollständigem Zahlungseingang weiter zu geben. Hierfür sollten Sie im Vorfeld bereits entsprechende Regelungen treffen, um gegebenenfalls zusätzliche Rechtsberatungskosten auszuschließen.

11. Auf der Suche nach dem „Mehr"

Warum ein Meer mehr bieten kann

Wer zu viel arbeitet, hat keine Zeit, Geld zu verdienen.

Diese Erkenntnis beruht darauf, dass viele Menschen sich in bestehende Systeme fügen, ohne danach noch Muße zu haben, eine neue strategische und persönliche Ausrichtung zu überdenken, Neues zu planen oder das Ziel ihrer Reise richtig bestimmen zu können. Das wusste Christoph Kolumbus nicht, als er den Seeweg nach Indien suchte, dabei auf Amerika stieß und die dort ansässigen Ureinwohner als Indianer bezeichnete, weil er Zeit seines Lebens der Meinung war, er sei in Indien. Jedoch brachte er große Goldschätze aus Südamerika mit zurück, was der damaligen Königin Isabella von Spanien-Kastilien zu einem verheerenden Reichtum verhalf. Dies führte dazu, dass aufgrund der zunehmenden Menge eingeführten Goldes der Goldpreis sank und letztendlich zu einer Inflation führte.

Nichtsdestoweniger besteht auch heute noch die Sehnsucht nach dem Meer und wie Antoine de Saint-Exupéry sinngemäß sagte:

„Wenn Du Menschen dazu bringen willst, ein Schiff zu bauen, lehre sie nicht Holz zu sammeln, sondern die Sehnsucht nach dem weiten, endlosen Meer."

Viele Menschen sind der Meinung, dass man als Seefahrer, Kapitän und Unternehmer weitaus mehr verdienen kann als im Angestelltenverhältnis der spanischen Königin. Als Angestellter buckelt man sich sein Leben lang ab, als Unternehmer ebenso. Der Unterschied besteht nur darin, dass ein Unternehmer nie krank sein darf, meistens 60 bis 80 Stunden die Woche arbeitet, seine Krankenversicherung selbst bezahlen muss und niemals entspannt einen Urlaub genießen darf.

Wenn wir als Unternehmensberater den Netto-Stundenlohn eines Unternehmers berechnen und alle diese Fakten in Erwägung ziehen, so kommt bei kleinen Familienbetrieben meist ein Stundensatz von etwa 2,50 EUR netto - nach Steuern - heraus, der weit unter dem Mindestlohn der Tarifparteien und unserer grandiosen Politiker angesiedelt ist. In solchen Fällen raten wir unseren Unternehmern oder Gründerinnen und Gründern, sich doch lieber beim Aldi an der Kasse beschäftigen zu lassen, als die eigene zu plündern, was dann zu Zahlungsengpässen führt. In vielen Fällen ist der Stundenlohn gar negativ, was bedeutet, dass sich der Unternehmer ein teures Hobby gewählt hat und seine Familie anpumpen muss, weil ihm die Bank keinen Cent mehr gibt.

Ich selbst habe einmal als Ferienarbeiter in einer Gärtnerei gearbeitet und musste mich dort entsprechend abbuckeln, was beinahe zu Bandscheibenvorfällen geführt hätte. Nachdem ich wusste, wie schwer sich die tägliche Beugehaft in einer pflanzlichen Aufzuchtstation anfühlt, habe ich Verständnis für die Chancen und gesundheitlichen sowie finanziellen Risiken in dieser Branche.

So trat eines Tages eine junge dynamische Floristin auf uns zu, welche von ihrem altersbedingt gebeugten Chef das Angebot erhielt, dessen Gärtnerei und den angeschlossenen Blumenhandel zu übernehmen. Wir schauten uns die Zahlen an und befürworteten das Konzept. In der damals florierenden Zeit für Gärtnereien hatte die Bank die Gründungsfinanzierung mit Unterstützung durch die KfW zugesagt.

Die Gärtnerei hatte eine ganze Menge an Stammkunden. Wie sich im Laufe der nächsten Jahre herausstellte, starben diese nach und nach aus und von deren Angehörigen wurden lediglich noch Grabgestecke geordert. Dies war zwar zunächst ein einträgliches Geschäft, der Kundenstamm löste sich jedoch mit jedem neuen Grabstein langsam im Nirwana auf. Das Geschäft mit der Floristik wird heutzutage – anders als vor der „Geiz-ist-geil-Zeit" – natürlich auch von den Discountern übernommen. Mancher Kunde ist sogar so beknackt, dass er an der Tankstelle für einen Blumenstrauß 25 EUR bezahlt, für den er in der Gärtnerei lediglich 10 EUR hätte ausgeben müssen (ich zähle mich beschämt selbst zu dieser Zielgruppe in einer schnelllebigen Zeit).

Nach den Seeschlachten der Discounter und Tankstellen sowie der Überfahrt der Stammkunden mit dem Fuhrmann in den Hades, stellte unsere energische und junge Unternehmerin schließlich fest, dass ihr persönlicher Stundensatz inzwischen weit unter den Verdienstmöglichkeiten bei Aldi Süd lag und der Lohn ihrer Angestellten weit darüber. Das finanzierende Kreditinstitut hatte stets die vereinbarten Zahlungen erhalten, wobei dies häufig mit verbal vorgehaltenen Kanonen durchgesetzt wurde.

Wenn einem die Mafia das letzte Hemd auszieht, kann man nur beten, dass die Hose noch am Körper hält.

An einem Maimorgen zeigten sich am Himmel einige Gewitterwolken und es wehte eine sanfte Brise aus dem ansässigen Kreditinstitut, welche für die Jahreszeit viel zu kühl war. Unsere Unternehmerin bat uns nun doch, ihr zu helfen, neue Segel zu setzen, um fremde Horizonte zu erreichen. Im Angesicht des sich aufbauenden Orkans zogen wir uns warm an und halfen der Unternehmerin, die Anker zu lichten, um dem drohenden Sturm zu entkommen. Dummerweise war das Existenzgründungsvorhaben ja durch die KfW finanziert worden, so dass sich eine Kreditkündigung nicht so einfach durchsetzen ließ. Wir setzten uns dann am wärmenden Lagerfeuer der nicht verkäuflichen und abgebrannten Baumschule zusammen, um die Wege und Möglichkeiten für eine persönliche und finanzielle Unabhängigkeit zu erörtern. Gemeinsam stellten wir fest, dass es wohl weise wäre, den Betrieb aufzugeben und sich latent vorhandene Wünsche zur psychologischen Ausgeglichenheit zu erfüllen.

Auf die Frage an die Unternehmerin, was denn ihre Wünsche wären, kam die Antwort prompt und unerwartet:

„Ich möchte zur See fahren und die Welt sehen!“

Wie lässt sich das nun mit den vorhandenen Verbindlichkeiten bei Banken, Lieferanten und dem Finanzamt vereinbaren?

Indem klug, diplomatisch und vernünftig mit den entsprechenden Parteien verhandelt wird. Dazu braucht man allerdings eine Verhandlungsbasis, was aber nur möglich ist, wenn genügend finanzielle Mittel zum langfristigen Ausgleich aller Verbindlichkeiten vorhanden sind.

Weil unsere junge Dame die Sehnsucht nach der Ferne hatte, bewarb sie sich als Floristin auf einem Kreuzfahrtschiff. Die Bewerbung verlief erfolgreich und sie erhielt den Job an Bord. Dadurch waren finanzielle Mittel da, um die bestehenden Verbindlichkeiten auf Ratenbasis zurückzuführen. Die Bank zeigte Kooperationsbereitschaft und konnte die anstehenden Probleme mit der KfW so lösen, dass sich der Wind legte und seitdem Windstille herrscht.

Und so kann unsere ehemalige Unternehmerin jetzt nach der Rückkehr ins Angestelltenverhältnis fremde Länder und Ozeane erkunden. Die frische Brise, die ihr jetzt entgegenweht, ist mit dem ehemaligen Orkan nicht zu vergleichen. Gesunde Salzluft, nette Menschen und die Freiheit auf dem offenen Meer sowie die Liebe zu ihrem Beruf, den sie jetzt endlich wieder genießen kann, führten zu einer persönlichen Zufriedenheit. Und endlich arbeitet sie nur noch so viel, dass sie wieder Zeit hat, Geld zu verdienen. Anders als Christoph Kolumbus wird sie ihren Seeweg nach Indien finden.

Tipps für Unternehmen und Unternehmensberater:

Bisweilen ist es hilfreich, über einen Einstieg zum Ausstieg nachzudenken. Hierzu haben Sie als Unternehmer/in viele Möglichkeiten, welche vom Firmenverkauf bis hin zu einer sogenannten stillen Liquidation reichen. Viele unserer Mandanten wollen einfach nicht aufgeben, obwohl sie wissen, dass sich das Geschäftsmodell nicht mehr trägt. Wir haben beschrieben, wie das Leben wieder neuen Raum erhalten kann. Überlegen Sie sich deshalb, ob Sie diesen Weg gehen wollen und zwar ohne Rücksicht auf Zwänge oder vermeintliche Repressalien seitens Familie, Vermietern, Lieferanten, Ämtern oder Banken. Haben Sie dabei bitte kein schlechtes Gewissen, denn es geht um Sie und Ihre Familie.

Unternehmensberatern empfehlen wir, zu prüfen, ob eine Fortführung des Betriebs überhaupt noch realistisch erscheint. Stellen Sie den Unternehmer in den Mittelpunkt Ihrer Betrachtung, achten Sie auf dessen Menschenwürde und stellen Sie Ihre eigenen Bedürfnisse und Ansprüche zurück.

12. Ein Zahnarzt und sein Rolls Royce

Wie man mit altmodischen Methoden noch immer Erfolge erzielt

AIDA ist nicht nur ein Traumschiff oder eine Oper von Verdi, sondern auch eine Formel der Werbebranche aus den zwanziger Jahren des vorigen Jahrhunderts. Sie werden überrascht sein, dass diese Formel - genauso wie der Satz des Pythagoras - noch immer seine Gültigkeit hat.

Diese einfache Werbeformel besteht aus vier Buchstaben und bildet sich in der Reihenfolge:

A Attention (Aufmerksamkeit erzielen)

I Interest (Interesse wecken)

D Desire (den Kaufwunsch wecken)

A Action (Kaufen)

Das kennen Sie mit Sicherheit aus dem normalen Leben auch. Sie bekommen von Aldi oder Lidl einen mordsmäßigen Werbeprospekt kurz vor Weihnachten, in dem alle Kinderaugen leuchten und alle Herzen höher schlagen. Eine LED-

Lichterkette! Damit erregen Sie genauso viel Aufmerksamkeit auf Ihrem Balkon wie die Familie Griswold in dem Film „Eine schöne Bescherung". Nach dem Anbringen wecken Sie das Interesse der Nachbarn, die zu Ihnen kommen, um zu fragen, wo Sie diese schöne Lichterkette erworben haben. Und Sie sagen:

„Die hab ich beim Aldi gekauft."

Daraus entsteht dann der Wunsch der Nachbarn, Ihre Lichterkette noch zu übertreffen und die Aktion bzw. der Kaufimpuls, ebenfalls zum nächstgelegenen Aldi-Markt um die Ecke zu fahren. Was glauben Sie, wie Menschen reagieren, wenn dann aber alle LED-Lichter ausverkauft sind? Das ist wie eine persönliche Niederlage.

Und jetzt fragen Sie sich wahrscheinlich, was dies alles mit einem Zahnarzt in einer unterfränkischen infrastrukturell unterbelichteten Pampa zu tun hat.

Wir hatten einen jungen Dentisten als Mandanten, der im Zuge der Nachfolgeregelung eine seit Äonen bestehende Zahnarztpraxis übernehmen wollte. Äonen sind Erdzeitalter, welche aus geologischer Hinsicht in einem Wimpernschlag der Zeit zusammen mit allen bestehenden Dinosaurierarten plötzlich untergehen und in der Plattentektonik der Erdkruste verschwinden. So war es auch mit unserem Zahnarzt.

Er übernahm die Praxis, doch die Dinosaurier, Säbelzahntiger und Mammuts hatten plötzlich keine Zahnprobleme mehr, weil sie bereits ausgestorben waren. Angesichts der vorliegenden Paläontologie-Probleme hatte unser Mediziner Schwierigkeiten, neue Kunden zu finden. Paläontologie beschäftigt sich unter anderem mit der Erforschung des Verschwindens ausgestorbener Arten.

Das hilft einem jungaufstrebenden Homo Sapiens, welcher Zahnarzt ist, allerdings nicht weiter. Aus diesem Grunde fragte er uns nach der Weltformel zur progressiven Evolution seiner Praxis. Und so schickten wir ihn auf die „AIDA“ und überlegten uns im ersten Schritt, wie er überhaupt auf seine neu übernommene Praxis aufmerksam machen könnte.

Hierzu sollten Sie wissen, dass es in den tiefen dunklen Wäldern des Spessarts mehr Bäume als Mammuts, Säbelzahntiger, Dinosaurier oder Menschen gibt. Auf unsere Frage, was denn an ihm besonders sei, antwortete der Dentist:

„Ich bin nicht besser als die anderen, aber ich habe einen Rolls Royce!“

Das war der zündende Funke im Hubraum eines Existenzgründers, der seinen Marketingmotor erst mal in Schwung bringen musste. Um das Marketing mit Rolls-Royce-Geschwindigkeit zu beschleunigen (was bei einem solchen Fahrzeug nicht so schnell von 0 auf 100 geht), empfahlen wir unserem Mandanten eine kostenfreundliche Pressearbeit. Pressearbeit bedeutet, keine teuren Werbeanzeigen zu schalten, sondern Redakteure und Journalisten zu begeistern, damit diese über das Unternehmen in der jeweiligen Tageszeitung, per Blog, Twitter und Facebook berichten.

Dazu braucht man jedoch etwas Auffälliges. Und so verkündete ich unserem Zahnarzt die frohe Botschaft:

„Sie holen in Zukunft Neukunden persönlich mit Ihrem Rolls Royce ab!“

Nach einem Tipp an die Presse berichtete diese in den Tageszeitungen über die Möglichkeit, dass die Patienten vom Zahnarzt persönlich mit dem Rolls Royce beim Erstbesuch in seiner Praxis kostenfrei ins Nimmerland gefahren werden (**A**ttention).

Daraus resultierten die ersten Anfragen von unterfränkischen Zahnschmerzgeplagten, welche nach der kleinen Eiszeit vor dem Rolls-Royce-Zeitalter offensichtlich noch mit Pferdekutschen unterwegs waren und nun mit größeren Pferdestärken protzen wollten. Dieser Volksstamm tendiert dazu, im Rahmen der Nachbarschaft besondere Aufmerksamkeit zu erwecken, was dazu führt, dass sich die Nachbarschaft nicht lumpen lässt und gleichziehen möchte (**I**nterest).

Wiederum berichtete die Presse über diese königliche Beförderung, was einen entsprechenden Wunsch bei der betreffenden Zielgruppe hervorrief (**D**esire).

Sie glauben nicht, wie eine luxuriöse Fahrt im Rolls Royce den Menschen die Angst vor dem Zahnarzt nimmt.

So ergab sich eine zunehmende Auslastung der Praxis (**A**ction).

Und die Moral von der Geschichte ist die Erkenntnis, dass AIDA die Marketing-Weltmeere weiterhin überqueren und nicht untergehen wird.

Tipps für Unternehmen und Unternehmensberater:

Als Unternehmer/in empfehlen wir Ihnen, neue Wege im Marketingbereich zu beschreiten. Überlegen Sie, welche Wettbewerbsvorteile Sie besitzen und wie Sie diese vermarkten können. Kleinigkeiten können Ihnen dabei zu Großartigem verhelfen. Denken Sie dabei über Multi-Level-Marketing nach – auch im Internet. Facebook, XING, Twitter und andere Plattformen sind heute gang und gäbe.

Unternehmensberatern raten wir dazu, sämtliche möglichen Aktivitäten des Mandanten genau unter die Lupe zu nehmen und neue Impulse für eine geeignete Marketing- und Vertriebsstrategie zu geben. Werden Sie zum Leuchtturmwärter!

13. Die letzte Bratwurst vor Amerika

Wie man mit Ausdauer seine Ziele erreichen kann

Waren Sie schon einmal am „Cabo de São Vicente“? Das ist ein Felsvorsprung im Süden Portugals an der Algarve und gilt als der südwestlichste Punkt des europäischen Festlandes. Das Kap ist ein karges, 70 Meter über dem Meeresspiegel liegendes, steil abfallendes Plateau mit direktem Blick in die strömende Brandung des Atlantiks. Amerika kann man von dort aus zwar nicht sehen, jedoch erahnen, dass es hinter dem Horizont wohl doch weitergeht. Die Römer bezeichneten das Kap als magischen Ort am Ende der Welt, an dem die Götter wohnen und die Sonne im Meer versinkt.

Während meiner Studienzeit besuchte ich dieses wilde Stückchen Land, um den grandiosen Sonnenuntergang im Westen auf Fotos und in meinem Kopf festzuhalten. Wenn einem der Westwind entgegenweht und die Sonne in einem glutroten Spektakel im Meer versinkt, bekommt der eine oder andere staunende Besucher schon einmal eine gehörige Portion von Fernweh und die Sehnsucht, in weit entfernte Länder und unbekannte Zivilisationen vorzustoßen, die nie ein Mensch zuvor gesehen hat. Genauso wie Captain Kirk mit seiner Crew der Enterprise, oder der Wikinger Leif Eriksson, der Sohn Eriks des Roten, welcher - Jahrhunderte vor Christoph Kolumbus - Neufundland (das neu gefundene Land) im Westen weit jenseits der Säulen des Herakles wohl als erster Europäer betrat.

An jenem schicksalshaften Abend im Sonnenuntergang am Rande der Welt war ich allerdings nicht alleine. Eine Freundin und Studienkollegin namens Helga war dabei und sofort von der fernwehauslösenden Szenerie sehnsuchtsvoll ergriffen. Leider bezog sich ihre Sehnsucht nicht auf meine junge dynamische Männlichkeit, sondern auf die geheimnisvollen Gefilde jenseits der untergehenden Sonne. Helga war schon damals eine stattliche und energische Persönlichkeit, die etwas an die Frau von „Hägar dem Schrecklichen" aus den bekannten Comics erinnerte. Dieser war – wie Leif Eriksson - Wikinger und Seefahrer und wurde nach der Rückkehr von seinen Beutezügen in die heimatlichen Fjorde stets von seinem Weibe drangsaliert, die nächste Eroberung in Übersee zu planen.

Unsere Helga kam weder aus Norwegen noch aus Neufundland, sondern war eine waschechte Nürnbergerin aus dem Frankenland und verkündete am Cabo de São Vicente mit kräftiger Stimme im urfränkischen Dialekt denkwürdige Worte, welche sogar die tosenden Westwinde, die uns ins Gesicht wehten, für eine Millisekunde ins ungläubige Schweigen versetzten:

„Dou wärd'i amol an Brodwuarschdschdond hi'schdelln!"

Sie trug sich demnach tatsächlich mit dem Gedanken, eine Imbissbude am Kap der Sehnsucht zu eröffnen und Einheimische sowie Multi-Kulti-Touries aus aller Herren Länder mit Original Nürnberger Rostbratwürsten als exotisch-kulinarische und gaumengefällige Köstlichkeiten aus dem Frankenland zu beglücken.

Ihre vom Gott der untergehenden Sonne just in diesem Augenblick eingegebene Vision mündete im Slogan: „Die letzte Bratwurst vor Amerika!"

Wie kann man nur auf solch eine Idee kommen? Damals war ich noch kein Berater und glaubte weder an die Umsetzbarkeit noch an die Tragfähigkeit ihrer Geschäftsidee. Helga blieb jedoch stur und arbeitete - aller Westwinde zum Trotz - in den nächsten Jahren hartnäckig an der Realisierung ihres Vorhabens. Dazu sollte man wissen, dass sie die Tochter eines angesehenen Gastronoms in der Nürnberger Innenstadt ist, welcher durch seine köstlichen Bratwürste einen rundum zufriedenen Kundenstamm gewonnen hatte. Und das nicht nur in der Zeit des weltberühmten Christkindlesmarktes. Seit Generationen, die mindestens bis ins Jahr von Leif Erikson zurückreichten, stellte der traditionelle Gastronomie-Familienbetrieb seinen Gästen geschmacklich herausragende Wurstspezialitäten nach mittelfränkischer Art frisch auf den Tisch. An einen Export seiner „Nämbercher Brodwirschd" nach „Bordugall odder zu däi Azdeg'n noch Amäriga" hatte er Zeit seines Lebens keinen Gedanken verschwendet und so eröffnete er seiner Tochter mit liebevoll gewählten Worten in fränkischer Mundart: „Allmächd, iich glaab, dou schbinnsd!“

Doch Helga gab noch immer nicht auf und arbeitete bratwurstverbissen weiter an ihrem Selbstverwirklichungstraum. Über die Jahre ging der Kontakt zu ihr jedoch leider verloren und so war ich überrascht, dass sich die Bratwurstprinzessin nach langer Zeit und vielen Sonnenuntergängen wieder bei mir meldete. Damals hatte ich bereits meine Unternehmensberatung gegründet und beschäftigte mich schwerpunktmäßig mit dem Thema Außenwirtschaftsberatung. Helga lud mich zu einem Essen ins elterliche gutbürgerliche Gasthaus in Nürnberg ein. Sie zeigte mir Ihren Business-Plan, den Entwurf des Imbiss-Wagens und ihr Marketingkonzept. Das war alles bis ins Detail perfekt ausgearbeitet, doch irgendwo scheiterte es wohl an der Konzession für den Stellplatz am Kap der gastronomischen Hoffnung. „Woran liegt das denn?“ fragte Helga verzweifelt. Sie hätte doch alle Gebühren bezahlt, Portugiesisch gelernt, eine Arbeitserlaubnis und Aufenthaltsgenehmigung beantragt und erhalten. Warum klappte das mit der Stellplatzgenehmigung vor Ort denn nicht? Da gäbe es doch etliche fliegende Händler, die seit Jahren ihre Geschäfte betreiben würden. Wir überlegten gemeinsam einige Rostbratwürste mit Kartoffelsalat lang. Irgendwann dämmerte es uns dann: Die südländisch geprägte Mentalität verlangt häufig etwas mehr Anreiz als nur die Erfüllung rechtlicher Formvorschriften. Ohne Senf, Schmiergeld, Bakschisch oder - „neutraler“ formuliert - Werbekostenzuschüsse läuft hier oft gar nichts. Guten Freunden gibt man da halt kein Küsschen, sondern Kohle. Holzkohle für die Rostbratwürste reicht da leider nicht aus.

Um die Imbissbude betreiben zu dürfen, müssen also nicht nur die hierfür erforderlichen Konzessionen teurer bezahlt werden als in Deutschland. Noch teurer sind weitere Geldmittel, die als steuerfreie Zuwendungen erwartet werden und die Gründungskosten in ungeahnte Höhen treiben können.

Und so dauerte es weitere zwei Jahre, bis die erforderlichen monetären Donationen im Treibsand vor der Westküste Portugals versickert waren und die Erlaubnis für den Standplatz auf dem Amerikas nahegelegensten Brandungsfelsen endlich erteilt wurde.

Helga bezog dann täglich frische Bratwürste aus heimatlichen Gefilden, welche vom Flughafen Faro in Portugal ans Kap geliefert wurden.

Es geht nichts über heiße Rostbratwürste, wenn Sie sich auf die Fahrt nach Amerika machen möchten, um den frischen Winden aus Westen zu trotzen. Es fehlt dann nur noch der Original Nürnberger Christkindles-Glühwein. Den wird Helga im Zuge ihrer Diversifikationsbestrebungen (die Erweiterung ihres Angebotsspektrums) sicherlich auch noch bald ausschenken.

Ihr Vater war dann doch stolz auf seine Tochter und ich hoffe, sie hat nach wie vor großen Erfolg mit ihrem kleinen, knackigen Geschäft am Ende der Welt.

Irgendwann werde ich Helga einmal besuchen, wenn die Sonne untergeht am Cabo de São Vicente...

Tipps für Unternehmen und Unternehmensberater:

Als Unternehmer/in raten wir Ihnen dazu, bei Auslandsaktivitäten stets zu prüfen, ob Ihr finanzielles Durchhaltevermögen zur Befriedigung der teilweise unangemessenen Ansprüche der dortigen Behörden und Bewilligungsstellen ausreicht. Nicht bezahlte „Werbekostenzuschüsse" könnten Ihnen sonst Kopf und Kragen kosten. Sichern Sie sich Ihren Standort. So können Sie Ihren Betrieb über lange Zeit erfolgreich aufrechterhalten. Am besten gründen Sie ein eigenständiges Unternehmen im Zielland, um dem Verfolgungswahn deutscher oder europäischer Behörden so weit wie möglich zu entgehen.

Unternehmensberatern empfehlen wir, sich über die örtlichen Konventionen zu informieren, um sicher zu stellen, dass die Kosten der Vorgründungsphase ausreichend abgedeckt werden können.

14. Süleyman der Prächtige

Wie man das Osmanische Reich auch heutzutage neu aufbauen kann

Süleyman (oder auch Suleiman), genannt „der Prächtige“, regierte von 1520 bis 1566 das Osmanische Reich, welches sich über die heutige Türkei hinaus bis weit nach Westen erstreckte.

Glauben Sie uns bitte, dass wir keine Allüren gegen Migranten hegen, da wir gute Freunde aller Nationalitäten zu schätzen wissen. Wir befinden uns heutzutage in einer Zeit der größten Völkerwanderungen, die es jemals gab. Anzumerken ist hierbei, dass es schon zu allen Zeiten Völkerwanderungen gegeben hat, was dazu führte, dass große Imperien wie das Römische Reich von Westgoten, Ostgoten und Vandalen heimgesucht wurden und diese Eindringlinge peu à peu die Machtverhältnisse veränderten.

Machen wir uns doch nichts vor. Wir selbst haben Türken, Griechen, Italiener und sogar Schlesier als Flüchtlinge und Helfer in unser Land geholt, um nach dem letzten großen Krieg den Wiederaufbau zu gewährleisten. Viele unserer migrations-hintergründigen Mitbürger sprechen nicht richtig unsere einheimische Sprache, welche wir in Zukunft auch wahrscheinlich nicht mehr brauchen werden. Ein Deutsch-Russe, welcher allerdings nicht aus Russland, sondern aus Kasachstan kam und in dieser Wüstenregion ein astrein arisches Stammbuch vorlegen konnte, das er teuer bezahlt hatte, um nach Deutschland einreisen zu dürfen, sprach folgende weise Worte:

„Was Du Dich aufregen? In zen Jarren Du kannst bestimmen, ob Du hirr türkischen oder russischen Bürgermeister haben willst."

Das gab mir zu denken und so bemühte ich mich als Außenwirtschaftsberater und Migrationshelfer, das Arbeitsamt in die Vorstellungen des Türkisch-Osmanischen Reiches zu integrieren.

In Deutschland leben wir von unseren strikt formalisierten und organisierten Prozessen, was besonders Behörden betrifft, was aber jenseits der Vorstellungswelt eines waschechten Osmanen liegt.

So kam eines Tages ein prächtiger Süleyman im Alter von etwa 30 Jahren auf uns zu, welcher für sein Vorhaben, einen vegetarischen Großhandel in Deutschland zu etablieren, um unsere Unterstützung bat. Hierzu sollten wir ihm Kapital über deutsche Banken beschaffen. Dummerweise funktioniert Deutschland anders als das Osmanische Reich, da Kapitalgeber entsprechende Unterlagen benötigen, um eine Kreditzusage zu erteilen.

Türkische Menschen sind sehr hilfsbereit und gastfreundlich. Das habe ich selbst erfahren, da mir die türkische Großfamilie beim Erstgespräch eine wundervolle Aufwartung mit orientalischen, wohlschmeckenden Genussspezialitäten bescherte.

Wissen Sie, wie das ist, wenn ein deutscher Unternehmensberater auf fremde Welten prallt, die keine deutschen Konventionen kennen? Ich bat unseren prächtigen Süleyman um die Vorlage der für die Finanzierungsprüfung erforderlichen Unterlagen. Dazu gehört beispielsweise ein Einkommensteuerbescheid. Süleyman wusste allerdings nicht Bescheid, was ein Einkommen ist. Nachdem er bereits in zweiter Generation in Deutschland aufgewachsen war, sollte man davon ausgehen, dass er weiß, was ein Finanzamt oder Arbeitsamt macht. Das waren jedoch für ihn türkische Dörfer.

Ich weiß nicht, wie es Menschen schaffen, das Finanzamt komplett zu ignorieren und warum die Ämter sich auch nicht bei diesen Mitbürgern melden.

In Ermangelung eines erforderlichen türkisch-deutschen Einkommensteuerbescheides war trotz einer fundierten Finanzierungsplanung die Bank - aus deutscher Sicht verständlicherweise - nicht bereit, das Gründungsvorhaben zu unterstützen.

So kam es dazu, dass unser Süleyman beim Arbeitsamt vorstellig werden musste, um einen Existenzgründungszuschuss zu beantragen und das Gründungskonzept beim Arbeitsamt - welches heute als Bundesagentur für Arbeit bezeichnet wird - vorzulegen. Und das immer noch ohne Einkommensteuerbescheid.

Zur selben Zeit stellte eine andere Mandantin deutscher Herkunft ebenfalls einen Antrag auf Existenzgründungszuschuss beim gleichen Arbeitsamt.

Beide wollten neue Arbeitsplätze schaffen, wobei dies wiederum zu einer verbesserten Staatsfinanzierung beiträgt. Die Förderung junger Unternehmen sollte deshalb eine wichtige Aufgabe des Gemeinwesens darstellen.

Die junge deutsche Gründerin hatte im Gegensatz zum Prächtigen stets ihre Lohn- und Einkommensteuer gemeldet und bezahlt. Der jungen Dame wurde der Zuschuss seitens des Arbeitsamtes allerdings verwehrt.

Während bestehende Unternehmen Arbeitsplätze abbauen, schaffen junge Unternehmen - wie bereits oben erwähnt - neue Arbeitsplätze. Warum dies ignoriert und nicht ausnahmslos gefördert wird, können wir nicht nachvollziehen. Der Mittelstand ist die Säule der deutschen Wirtschaft und das war er schon immer.

Süleyman etablierte die Repressalien des Osmanischen Reiches neu, indem er eine ausgewählte rhetorische Floskel einsetzte und der Sachbearbeiterin der Bundesagentur unter vier Augen mitteilte:

„Ich weiß, wo Sie wohnen!“

Und so wurde unserem Atatürk die Förderung innerhalb kürzester Zeit zugesagt und unsere systemtreue Mandantin schaute in die leere Döner-Bude.

Sie musste gerichtlich gegen das Arbeitsamt vorgehen, um ihre Ansprüche nach eineinhalb Jahren vor dem Sozialgericht endlich durchsetzen zu können.

„Iki Kebap istiorum“ heißt im Türkischen so viel wie „Zwei Döner bitte“, wobei das Arbeitsamt offensichtlich bei gleichen Voraussetzungen nicht in der Lage ist, zwei Döner in Form von Fördermitteln auch gleich und gerecht zu verteilen.

Wir achten die Gastfreundschaft unserer osmanischen Weltbürger und nehmen uns gerne ein Beispiel daran. Mit den osmanischen Praktiken zur Durchsetzung der persönlichen Ziele, wie in den Zeiten des 16. Jahrhunderts, sind wir allerdings nicht einverstanden. Wir wünschen uns von Ämtern und Behörden eine Gleichbehandlung. Wie kann hierbei ein Konsens geschaffen werden?

Tipps für Unternehmen und Unternehmensberater:

Als Existenzgründer/in sollten Sie sich klar darüber sein, welche Daten die Banken für eine Gründungsfinanzierung benötigen. Legen Sie bitte alle Unterlagen offen vor, damit seitens des Finanzierungspartners eine fundierte Prüfung Ihres Vorhabens erfolgen kann. Vertrauen Sie nicht auf Ämter und Behörden und gehen Sie gegebenenfalls rechtlich gegen Ablehnungen vor.

Unternehmensberatern empfehlen wir, alle erforderlichen Dokumente und Unterlagen einschließlich Einkommensteuer-Bescheiden und Vermögensaufstellungen bei den Mandanten oder dessen Steuerberatern anzufordern, um einen entsprechenden Beratungserfolg zu gewährleisten.

15. Kleine Monster aus dem All

Wie ein deutscher Unternehmer eine Geheimwaffe zur Verteidigung des Heimatplaneten einsetzt

Kennen Sie die „Ferengis“ aus der Science-Fiction Reihe „StarTrek“? Das sind schmierige, intergalaktische Händler und kleine Monster mit übergroßen Ohren, die mit ihrer Habgier fremde Welten erobern und plündern. Von Gier nach Geld getrieben, scheffeln Sie unersättlich haufenweise goldgepresstes Latinum, ihre Lieblingswährung. Was bei uns die 10 Gebote sind, sind für die Ferengis ihre 285 heiligen Erwerbsregeln. Erwerbsregel Nummer 1 lautet: „Geld und Gold das mag ich sehr, und hab ich‘s erst von andern, dann geb‘ ich‘s nicht mehr her.“

Bisweilen kommen diese Ferengis auch aus Amerika, um deutsche Firmen platt zu machen und einen kurzfristigen Gewinn zu erzielen. Dabei ist es diesen dann auch völlig wurscht, ob das Unternehmen nach dem finanziellen Aussaugen Insolvenz anmelden muss.

Die Ferengis, von denen ich spreche, waren US-Amerikanische Gesellschafter, die ein erfolgreiches bayerisches Spritzgusswerk, welches für die Automobilindustrie tätig ist, übernommen hatten.

Das Unternehmen hatte vormals 800 Mitarbeiter und ein Umsatzvolumen von rund 150 Millionen Euro, welches sich in der Wirtschaftskrise 2008 um die Hälfte reduziert hatte. Zusätzlich war durch die Gier der verfressenen amerikanischen Burger-Ferengis ein Investitionsstau zur Modernisierung und Instandhaltung der Maschinen und Anlagen entstanden. So rutschte das Unternehmen in die Insolvenz und die amerikanischen Ferengis beschlossen, die Weiten des Weltalls aufzusuchen und zu entschwinden. Das war auch gut für sie, denn wären sie mit ihrem UFO am Flughafen Frankfurt gelandet, hätte sie die SOKO Wirtschaft bei ihrer Landung standrechtlich verhaftet, weil sie nicht mehr bereit waren, das Unternehmen, das sie finanziell ausgenommen hatten, weiter zu unterstützen.

Gemeinsam mit dem Insolvenzverwalter bauten wir einen Insolvenzplan auf, der vorsah, welche Mitarbeiter geradewegs im Unternehmen verbleiben und welche temporär in eine Auffanggesellschaft überführt werden mussten.

Dem deutschen Geschäftsführer rieten wir dazu, nicht mehr auf die Rückkehr der Ferengis zu hoffen, sondern das Unternehmen zu kaufen und somit für das Überleben der Bordmannschaft zu sorgen. Hierzu schlugen wir eine Konsortialfinanzierung (gemeinsame Finanzierung mehrerer Banken) vor, um die Fortführung des Unternehmens zu sichern. Die beteiligten Banken konnten die erforderlichen Finanzierungsmittel jedoch nicht in voller Höhe zur Verfügung stellen, so dass sich eine Finanzierungslücke in Höhe von rund einer Million Euro ergab. So stand das Unternehmen vor einem akuten finanziellen Treibstoffmangel, wobei es dann nicht mehr sicher war, den geplanten Zielplaneten überhaupt erreichen zu können.

Da kam unser neuer Pilot, welcher nun geschäftsführender Gesellschafter hieß, mit Hilfe unserer Ratschläge auf die großartige Idee, die notwendige kurzfristige Finanzierung in Form von Genussrechtsscheinen zu realisieren. Genussrechte sind so etwas Ähnliches wie Aktien, wobei der Anteilseigner kein Mitspracherecht in der Unternehmensführung wahrnehmen darf. Mit einer derartigen Vorgehensweise gelingt es dem Unternehmer bisweilen, Lieferanten und Mitarbeiter enger an das Unternehmen zu binden, weil diese ihre Einlagen sichern und am Jahresende eine entsprechende Tantieme bzw. Dividende erwarten dürfen.

Einige Lieferanten zahlten bis zu 50 Tausend Euro, um ihren Absatzmarkt zu sichern und viele Mitarbeiter gaben ebenfalls „Treibstoffgutscheine“, um sich mit diesem Sicherheitsgurt an ihrem Arbeitsplatz anzuschnallen.

Mit dieser Lösung waren alle zufrieden und einverstanden und das Raumschiff konnte so aufgetankt werden, dass es keine Finanzierungslücke zur sicheren Rückkehr auf den Heimatplanten mehr gab.

Heute sind alle Mitarbeiter, die notgedrungen erst einmal auf dem Zwischenparkplatz der Raumstation (Auffanggesellschaft) gelandet waren, wieder zur Erde zurückgekehrt, freuen sich und arbeiten an einem gemeinsamen Wachstum des Unternehmens. Die Ferengis suchen derzeit Zuflucht am Rande der Galaxis. Und da gehören Sie auch hin.

Tipps für Unternehmen und Unternehmensberater:

Als Unternehmer/in sollten Sie bedenken, dass in einer finanziellen Notlage die Banken nicht immer die Retter sein können. Es gibt andere Möglichkeiten. Übernehmen Sie die Verantwortung für Ihre Mitarbeiter und vertrauen Sie auf deren Loyalität. Ihre Mitarbeiter haben Interesse daran, ihre Lebensgrundlage und ihren Arbeitsplatz nicht zu verlieren und vertrauen Ihnen, sobald Sie deren Vertrauen jenseits eines mechanistischen Menschenbildes verdient haben. Selbst in schwierigen Zeiten können Sie einen Zukunftsplan entwerfen, um das wichtigste Potenzial in Ihrem Unternehmen zu binden: Das sind Ihre Mitarbeiter. Denken Sie dabei auch an alternative Kapitalbeschaffung, z.B. an externes Beteiligungskapital.

Unternehmensberatern empfehlen wir, die Chancen und Risiken einer Unternehmensfortführung richtig einzuschätzen und das Potenzial des Auftraggebers objektiv zu bewerten. Bieten Sie Ihren Mandanten ebenfalls zusätzliche Alternativen zur herkömmlichen Bankenfinanzierung an.

16. Liebling, ich habe den Fuhrpark geschrumpft

Wie ein Spediteur ohne eigene Fahrzeuge mehr verdient als mit

Jesus Christus hatte zwölf Apostel, welche von ihm den legendären Missionsbefehl erhielten, seine frohe Botschaft in alle Welt hinaus zu tragen. Manche dieser Apostel landeten als Märtyrer auf dem Scheiterhaufen oder wurden auf kaiserlichen Befehl ans Kreuz genagelt.

Um dieses Märtyrertum zu vermeiden und die heilige Inquisition zu umgehen, kam ein Spediteur aus Oberfranken auf uns zu. Dieser hatte ebenfalls zwölf Apostel, welche heutzutage Fahrer und Verkünder der frohen Fracht genannt werden. Als Zubringer dient nicht mehr das göttliche Wort, sondern der fröhliche Frachtbrief. In der Speditionsbranche gibt es mehrere erfolgreiche Unternehmen, wobei es hier auf die richtige Betriebsgröße ankommt. Mit zwölf Aposteln und deren Pferdestärken kann die Welt heute leider nicht mehr missioniert werden. Erfolgreich sind hier entweder Großunternehmen mit Heerscharen von Aposteln oder kleine Wanderprediger.

Wir rieten unserem Spediteur zur Einführung von Lean-Management-Strukturen, was bedeutet, eine Unternehmensorganisation schlank und kostengünstig aufzubauen. Dazu ist es unter anderem erforderlich, Personalkosten zu reduzieren und unternehmerisch in eine neue Richtung zu pilgern. Grundsätzlich sind für einen langfristigen Erfolg regelmäßige Einkünfte aus kontinuierlichen Zahlungseingängen notwendig. Bei unserem Spediteur fehlte beides. Weder hatte er kontinuierliche Einkünfte noch eine entsprechende Organisationsstruktur. Wir überprüften deshalb im Rahmen einer Kosten-/Nutzen-Analyse den hauseigenen Fuhrpark sowie die Kundenstrukturen und kamen zu dem Schluss, dass dieses Fuhrunternehmen in der gegebenen Größenordnung nicht überlebensfähig war. Gleichzeitig verfügte der Speditionsbetrieb neben dem kostenintensiven Fuhrpark noch über eine Werkstatt, in der die eigenen Fahrzeuge von einem angestellten Kfz-Meister repariert wurden. Es stellte sich nun die Frage, wie das Tote Meer geteilt werden könnte, um am gegenüberliegenden Ufer sicher anzukommen.

Manche Menschen scheuen sich davor, grundsätzlich etwas zu verändern und sind nicht mehr in der Lage, weiter zu gehen, was von Medizinern als Burn-Out-Syndrom bezeichnet wird. Das ist traurig. Ein Burn-Out-Syndrom entsteht durch ständige Überforderung von Körper und Geist. Wir kämpften an allen Fronten, um dies beim Unternehmer zu vermeiden, weil er nach unserer Einschätzung kurz davor stand. Anzumerken ist hierbei, dass der Spediteur in der hauseigenen Verwaltung mit seiner Frau und seiner Tochter sowie zwei Disponenten zusammen arbeitete, um das Geschäft zu betreiben.

Wir rieten dazu, den Fuhrpark zu verkleinern oder gar vollständig aufzulösen. In der Güterverkehrsbranche gibt es ein Sprichwort: „Nur diejenigen Speditionen sind rentabel, die keinen eigenen Fuhrpark mehr besitzen." Die Großen der Branche haben damit auch wirklich Erfolg: Sie lassen fahren. Arme kleine versklavte und mit Knebelverträgen angekettete Selbständige fahren für die Großen. Das Fahrzeug müssen sie sich selbst kaufen oder finanzieren und auch das unternehmerische Risiko wird gnadenlos auf die kleinen Brummis abgewälzt. So ist das leider. Für einen Großen war unser Spediteur allerdings zu klein und so mussten wir zur Routenoptimierung einen möglichst mautfreien Schleichweg finden.

Gleichzeitig rieten wir dazu, die Werkstatt an den bis dahin angestellten Kfz-Meister zu verkaufen, damit dieser sich eine selbständige Vollexistenz aufbauen konnte. Somit hätte das Unternehmen aufgrund der Personalkostensenkung im Werkstattbereich auch zusätzliche finanzielle Mittel zur Verfügung. In einem anschließenden Bankgespräch sowie durch geschickte Verhandlungen mit den Leasinggebern konnten wir eine für alle Beteiligten tragbare apostolisch-göttliche Einigung finden. Nachdem die Firma gerettet und die Werkstatt verkauft war, klingelte es im Kassenbeutel der Kollekte und die Unternehmerfamilie war gerettet. Dies war nur möglich, weil wir unseren Märtyrern dazu rieten, um vier Uhr morgens aufzustehen, den PC anzuwerfen und die Tagesaufträge über die sogenannte Frachtenbörse an Subunternehmer zu vermitteln. In der Frachtenbörse suchen Speditionsunternehmen täglich nach einer Auslastung für die Rückfrachten bzw. Rückfahrten, denn Leerfahrten zum eigenen Standort kosten Geld. Mit dieser Strategie sollte das Unternehmen Geld verdienen. Die Frachtenbörse schließt am frühen Morgen und die meisten Aufträge für den Tag sind vergeben. Somit ergab sich für unsere Mandanten eine tägliche Arbeitszeit von maximal 3-4 Stunden im Gegensatz zu mindestens 12 Burn-Out-Stunden in der Vergangenheit.

Als das Konzept stand und sämtliche Finanzierungsfragen geregelt waren, kam es nun aber leider doch zum Burn-Out-Syndrom beim Inhaber der Spedition. Der vorherige Stress und die Umstellung auf ein neues Konzept waren für ihn einfach zu viel. Ich habe selbst beobachtet, wie der Chef von einem Moment zum anderen apathisch vor dem Bildschirm saß, nicht mehr ansprechbar war und sich auch nicht mehr bewegen konnte. Im Anschluss wurde er durch Sanitäter in eine psychosomatische Klinik gebracht, um dieses Burn-Out-Syndrom zu behandeln. Das dauerte etwa ein halbes Jahr.

In der Zwischenzeit mussten sich seine Gattin und seine Tochter (ohne Disponenten zur Routenplanung) tapfer um die Umsetzung des neuen Konzepts kümmern und suchten täglich in der Frachtenbörse nach Transportaufträgen, um diese an Subunternehmer weiter zu geben. Sie erhielten als Vermittler pro Auftrag durchschnittlich eine Provision von 10% des Auftragswerts, steigerten dadurch ihr Umsatzvolumen, hatten keine Kosten des eigenen Fuhrparks mehr und erwirtschafteten nach zwölf Monaten bereits einen Gewinn von etwa 100.000 Euro. Aufgrund der reduzierten Arbeitszeiten konnten die beiden mutigen und starken Frauen den Familienvater regelmäßig in der Klinik besuchen, was ihm natürlich bei der Genesung half.

Mittlerweile geht es der Familie sehr gut. Auch der ehemalige Werkstattleiter ist ausgelastet und erfolgreich, weil er für andere Unternehmen Omnibusse, landwirtschaftliche Maschinen und LKWs instand setzt.

Die zwölf Apostel fanden Brot und Lohn bei anderen Fuhrunternehmen. Die Packesel wurden an die LKW-Leasinggesellschaften zurückgegeben. Die aufgelaufenen Schulden sind getilgt und die Familie führt nun ein gelassenes Leben in Eintracht und Dreisamkeit.

Tipps für Unternehmen und Unternehmensberater:

Als Unternehmer/in bitten wir Sie, auf Ihre Gesundheit zu achten und alle vermeintlichen unternehmerischen Verpflichtungen in den Hintergrund zu stellen. Wichtig sind Ihr Leben und das Ihrer Angehörigen. Nehmen Sie Rücksicht darauf, überlegen Sie sich alternative Strategien, um gut leben zu können und Zeit für sich und Ihre Familie zu gewinnen. Bisweilen ist es angebracht, entweder eine Strategie des Wachstums oder eine Strategie des Gesundschrumpfens zu verfolgen. Holen Sie sich hierzu Rat bei Ihrem Steuer- oder Unternehmensberater ein, bevor Sie die gesundheitlichen, familiären und unternehmerischen Risiken nicht mehr rechtzeitig erkennen können.

Unternehmensberatern empfehlen wir, den menschlichen Faktor im Unternehmen und in der Unternehmerfamilie zu berücksichtigen, um eine gesunde Einschätzung der Zukunftsstrategie zu entwickeln. Nicht immer ist es richtig, ein Unternehmen zum Wachstum zu bewegen, um die eigene Auftragslage zu maximieren. Manchmal ist weniger eben mehr.

17. Die Eiskönigin und die Heilige Familie

Wie vermeintliche Großzügigkeit eine Bank zum Umdenken bewegen kann

Kennen Sie die Handwerkszunft der Freimaurer? Dieser Berufsstand hat historisch nur wenig mit Verschwörungstheorien zu tun, sondern eher etwas mit Geheimhaltung, um den Vorsprung durch geheimes Wissen - und damit die Zukunft der Zunft - zu bewahren. Freimaurer waren freie Handwerker, die im Mittelalter majestätische Kathedralen errichteten. Sie hielten ihr Wissen um die Statik und die Baukunst geheim und machten sich damit unentbehrlich, so dass die Kirche ohne diese Handwerker nicht in der Lage gewesen wäre, ihre Protztempel erbauen zu lassen. Was wäre aber ein Freimaurer ohne einen Dachdecker? Denn irgendwo in einem Gebäude muss es ja wohl einen Dachstuhl geben. Meistens oben.

Oben in der dritten Etage einer Bank sind wir eines Tages auch mit einer Dachdeckerfamilie gelandet, um das modrige Gebälk der Firma zu sanieren, damit im Oberstübchen der Bank ein stabiler und tragfähiger Dachstuhl gezimmert werden konnte.

Josef, unser Dachdecker, hatte den Betrieb seines Vaters übernommen und musste daraufhin so viel Holz bearbeiten, dass die daraus entstandenen Querbalken als Zinsen bei der Bank landeten, wodurch es aufgrund eines immerwährenden Nagens des Holzwurms zu einer finanziellen Einsturzgefahr im eigenen Gebälk kam. Erschwerend kam hinzu, dass der Dachdecker und Maria, seine angetraute Gattin, zwei kleine Kinder haben, welche an Neurodermitis leiden und hierfür eine regelmäßige ärztliche Behandlung benötigen. Diese wird jedoch nicht vollständig von der Krankenversicherung gedeckt, was ständig zusätzliche private Kosten verursacht. Die Bank litt nicht unter Neurodermitis und machte auch keinerlei Anstalten, wenigstens eine temporäre Tilgungsstreckung zu akzeptieren, um den geplagten Kindern die dringend notwendige Therapie zu ermöglichen. Da war wohl nicht nur die Holzschraube bei der Bank locker, sondern es fehlte auch der flexible Notnagel im Giebelgerüst der windigen Holzständerbauweise in der Statik der oberen Etage des Kreditvorstandes.

Kurz vor Weihnachten war das Kontokorrentvolumen im Kollektensäckel der Kathedrale der Hausbank dermaßen ausgeschöpft, dass es unserem Dachdecker nicht einmal mehr möglich war, einen Weihnachtsbaum zu fällen, weil er sein Waldgrundstück auf Geheiß der Hausbank in der Oberstube Oberfrankens verkaufen musste, um seine Zinsen zu bezahlen, damit sich die Banker ein freundliches Kaminfeuer aus Fichten- und Tannenholz gönnen konnten.

Wissen Sie, wie das ist, wenn eine fleißige Handwerkerfamilie aus finanziellen Gründen nicht in der Lage ist, Weihnachten zu feiern? Es fehlte an Holz und Kohle für Geschenke, für den Tannenbaum, für die Gänsebrust, den Punsch und auch für die Medikamente zum Wohlbefinden der Kinder an Heiligabend. So beschloss die Familie in unserem Beisein, die Bank um eine kurzfristige Liquiditätsspritze zur Lebkuchenzeit zu bitten. Die Äbtissin und Lehensherrin der Kreditabteilung sah sich die vorliegenden Firmenzahlen an und hätte sich wohl besser als Christkind am Nürnberger Christkindlesmarkt beworben. Denn ihr inneres Lebkuchenherz schien vom weihnachtlichen Eisregen ummantelt zu sein. Die Ehefrau unserer Dachdeckerfamilie war verzweifelt und vergoss bittere Tränen, welche jedoch das vereiste Herz der Bankerin nicht zum Schmelzen bringen konnten. Da brach mir der Balken im Dachstuhl, mir platzte der Kragen und ich zog meinen Geldbeutel wie ein Damoklesschwert aus der Tasche und fragte Josef und Maria, was sie denn für die beiden Jesuskindlein über die Feiertage an geldwerten Vorteilen benötigen würden.

Da fielen der Eiskönigin auf ihrem Thron die Eiszapfen wie Schuppen von den Augen. Sie war es nicht gewohnt, dass ein barmherziger Samariter aus dem heiligen Morgenland der Rhön Gold, Weihrauch und Myrrhe anbot. Mit dieser Scham konnte unsere Eiskönigin nicht fertig werden und so erreichten wir es, dass sie zähneknirschend zwar nicht das Heilige Land aufsuchte, jedoch den Heiligen Tresorraum. Und plötzlich gab es nicht nur die drei männlichen Könige aus dem Morgenland, sondern auch eine aufgetaute Eiskönigin aus der Kreditabteilung, die aus der Kälte kam.

Das nennt man Weihnachtszauber.

Und so musste die Heilige Familie nicht im Stall übernachten. Von Ochs' und Esel wollen wir da gar nicht sprechen.

Im Gegensatz zu den drei Königen mit Heiligenschein, die tatsächlich Geschenke in ihren Taschen hatten, war meine Aktion eher scheinheilig, denn mein Geldbeutel war so gut wie leer, da ich meine Weihnachtseinkäufe (auch für die Dachdeckerzunft) bereits hinter mir hatte. Diese Vorgehensweise könnte man wohl als eine heilige Finte bezeichnen.

Nach und nach trocknete Maria ihre Augen und es erstrahlte ein vorweihnachtliches Lächeln auf ihrem Gesicht. Josef steckte das Geld ein und die beiden Kindlein mussten nichts von dem Drama erleben, das sich abgespielt hatte.

So konnte die Familie die Raunächte gemeinsam in Frieden verbringen und unserem Dachdecker gelang es - sogar noch zwischen den Jahren - einen Freimaurer zu finden, der einen Dachstuhl benötigte. Das dunkle Tal war somit überwunden und mit neuen Dachbalken ging es bergauf. Er hatte sein eigenes Weihnachtswunder vollbracht.

Tipps für Unternehmen und Unternehmensberater:

Als Unternehmer/in sollten Sie auch in schwierigen Zeiten den Mut aufbringen, ihre Familie zu schützen und mit dem Appell an die Menschlichkeit das Herz ihrer Kapitalgeber zu erweichen. Das klappt nicht immer, jedoch sind nicht nur die Zahlen Ihres Unternehmens maßgeblich, sondern auch der Glaube an die Zukunft.

Unternehmensberatern empfehlen wir, in schwierigen Situationen ihr fundiertes kommunikatives Rhetorikpotenzial so einzusetzen, dass dieses auch im Oberstübchen der Bank landen kann.

18. Die Macht des salomonischen Tempels

Wie ein Fahrzeughändler durch einen Automobilkonzern gezwungen wird, den Kurs zu ändern

Im zwölften Jahrhundert gab es die „armen Ritter Christi des salomonischen Tempels“, welche als Tempelritter bezeichnet wurden und die Aufgabe hatten, den christlichen Pilgern auf dem Weg nach Jerusalem sicheres Geleit zu geben. Diese führten erstmals in der Geschichte das bargeldlose Zahlungswesen in Form von Schuldscheinen ein, welche am Sitz der Tempelritterburgen als Bargeld ausbezahlt wurden. Dies war notwendig, weil das Tragen der Münzen eine Pilgerreise massiv erschwerte und andererseits eine Erleichterung dieses belastenden monetären Gewichts nur durch Räuberbanden erlangt werden konnte. Damals wussten die Tempelritter noch nicht, dass sie den ersten Finanzkonzern repräsentierten und Auszahlungen in Form von Papierscheinen als Innovation in die mittelalterliche Welt brachten. Da waren sie dann plötzlich nicht mehr die armen, sondern die reichen Ritter, weil sie für die finanziellen Transaktionen Gebühren erhoben. Das war auch der Grund, warum Staat und Kirche neidisch wurden und am Freitag, den 13. Oktober Anno Domini 1307 alle Tempelritter Frankreichs vom französischen König Philip dem IV inhaftiert und der Inquisition übergeben wurden, um deren Reichtümer zu konfiszieren.

Heutzutage nennt man die salomonischen Tempelritter Automobilkonzerne und die armen Pilger heißen Kfz-Händler.

Ein gnadenlos verschuldeter Automobilhändler, welcher sich dummerweise nur an einen einzigen Automobilkonzern gebunden hatte, kam auf uns zu und beauftragte uns, zu prüfen, ob sein Handelsunternehmen mit einem Jahresumsatz von 16 Millionen Euro und negativem Ertrag überhaupt sanierungsfähig sei oder ob er bei der heiligen Inquisition gleich Insolvenz anmelden sollte. Diese Geschichte trug sich in Unterfranken zu. Der Unternehmer führte seine Geschäfte in einer relativ kleinen Ortschaft, dessen Namen wir außen vor lassen.

Auf seinem Hof standen zu diesem Zeitpunkt Werte in Form von Automobilen in Höhe von etwa 6 Millionen Euro. Der Automobilkonzern fällte ein salomonisches Urteil und verdonnerte unseren armen Pilger zu überzogenen Abnahmemengen von Neuwagen. Damit die Kunden des Händlers die Fahrt ins Heilige Land mit dem Ziel antreten konnten, die Grabeskirche des PKW-Glaubens an den schnöden Mammon noch vor den Herbststürmen des ausgehenden Geschäftsjahres zu erreichen, überlegte er sich in Windeseile eine Abverkaufsstrategie. Gleichzeitig baute sich der Bestand von Gebrauchtfahrzeugen derart auf, dass man damit sämtliche Käufer bis Neujahr nach Jerusalem kostengünstig in einem großen Konvoi zum Ziel hätte verfrachten können.

Der Unternehmer war allerdings nicht nur vom salomonischen Großkotzkonzern in München abhängig, sondern auch von der lokalen Genossenschaftsbank. Diese finanzierte den Gebrauchtwagenbestand mit Krediten und verlangte dafür Geld in Form von Zinsen.

Im gebundenen Automobilhandel läuft das Geschäft so ab, dass Einzelhändler bei Erreichen einer bestimmten Stückzahl an verkauften Neuwagen am Jahresende einen Bonus zurückerstattet bekommen. Unser armer Pilger gab den erhofften Bonus von damals 3,9 % leichtsinnigerweise als Rabatt im Vorfeld an seine Neuwagenkäufer ab, erreichte am Jahresende jedoch nicht die erforderliche Absatzmenge. Somit hatte er die Fahrzeuge zu billig verkauft und konnte die notwendigen Zins- und Tilgungsleistungen an die Hausbank sowie an die reichen bajuwarischen Tempelritter nicht mehr erbringen, weil der in die Preise einkalkulierte Bonus fehlte. Blöd gelaufen.

In einer Krisensitzung kam das lokale Kreditinstitut zu dem Schluss, das Unternehmen nicht weiter zu unterstützen. Der finanzwirtschaftliche Trittbrettfahrer auf der Reise nach Jerusalem hatte allerdings unterschätzt, dass er als Kreditinstitut durch eine Insolvenz des Automobilhändlers selbst in Schwierigkeiten geraten würde, weil der Händler der größte Kreditnehmer der örtlichen

Bank war. Selbst bei einem Gespräch mit allen Beteiligten sowie der Förderbank konnte keine Lösung gefunden werden, obwohl aus unserer Sicht das Unternehmen durchaus sanierungsfähig gewesen wäre, wenn sich die Hausbank auf entsprechende Konzessionen eingelassen und die Templer auf einen Teil ihrer Forderungen verzichtet hätten.

Wir setzten uns im Anschluss mit dem Unternehmer in sein Besprechungszimmer und überlegten, welche Alternativen es denn noch gäbe. Angesichts der finanziellen Schieflage und dem Ausbleiben von Tempelritterschecks besprachen wir gemeinsam, was jenseits des salomonischen Tempels nun zu tun wäre. Auf meine Frage, was dem Automobilhändler in Zukunft persönlich wichtig wäre, gab er uns zu verstehen, dass er im Angesicht der unbändigen Überforderung durch den Verkaufsdruck am liebsten aus seiner Karosse aussteigen würde und die Pilgerreise zur Grabeskirche vorzeitig beenden wolle. Es mag schon schlimm sein, wenn ein gestandener Mann, der Zeit seines Lebens Unternehmer war, einen Ratschlag des Unternehmensberaters bekommt, seine Handelsfirma an einen meistbietenden Wettbewerber zu verkaufen. Das würgt den geistigen Motor ab. Es gibt jedoch psychologische Starthilfekabel in Form der Hoffnung auf finanzielle Entlastung, die dazu führen, dass die mentale Zufriedenheit von 0 auf 100 innerhalb einer Sekunde wieder hergestellt wird.

Das Konzept ging auf und unser Automobilhändler verkaufte sein Unternehmen erfolgreich an den größten Wettbewerber in der Region. Heute ist er dort als angestellter Geschäftsführer tätig und lebt schuldenfrei und glücklich.

Wegen des nun fehlenden Drucks durch den Großkonzern konnte er seine Automobilverkäufe so ausweiten, dass er gemeinsam mit seinem Übernehmer wieder Freude am Fahren hat.

Der Wettbewerber freute sich nach dem Deal, dass er in der Region aufgrund der höheren Abnahmemengen nun auch einen höheren Bonus erzielen konnte und so als noch größerer Händler eine entsprechende regionale Marktmacht erreichte.

Auch der salomonische Tempel konnte seine Absatzzahlen nunmehr steigern, die Tempelritter konnten ihr Imperium bewahren und unser armer Pilger war sicher im Heiligen Land der Auferstehung, der Schuldenfreiheit und der finanziellen Sicherheit angekommen.

Vielleicht wartet der eine oder andere Pilger allerdings noch immer auf einen Freitag, den 13.

Tipps für Unternehmen und Unternehmensberater:

Als Unternehmer/in empfehlen wir Ihnen, die Zeichen der Zeit zu erkennen und ggf. einen Unternehmensverkauf zur Sicherung Ihres Lebens und das Ihrer Familie in Erwägung zu ziehen. Häufig sind Wettbewerber daran interessiert, Ihre Umsatzpotenziale für deren eigene Zwecke zu nutzen. Scheuen Sie sich nicht vor einer Übernahme. Springen Sie über Ihren Schatten und machen Sie Ihren Wettbewerber zu Ihrem Verbündeten. Wichtig ist in diesem Zusammenhang, dass Sie sich mit solchen Lösungen wieder eine tragfähige Vollexistenz aufbauen und durch den Firmenverkauf freier und entspannter leben können.

Unternehmensberatern empfehlen wir, die Sanierungsfähigkeit des Unternehmens auf Basis der vorliegenden Zins- und Tilgungsleistungen genau zu prüfen und die Chancen für einen erfolgreichen Unternehmensverkauf sowie die Chancen auf eine mögliche Provision richtig einzuschätzen.

19. Don Quijote - der Ritter von der traurigen Gestalt

Warum Kämpfe gegen Windmühlen häufig sinnlos sind

Der spanische Schriftsteller Miguel de Cervantes vollendete im Jahre des Herrn 1615 den 2. Teil seines Romans „Don Quijote“ bzw. „Don Quixote“ (in damaliger Schreibweise), den er 1605 begonnen hatte. Damit erschuf er einen Meilenstein der Weltliteratur.

Schwelgend in längst vergangenen glänzenden Tagen edlen Rittertums (wobei mancher Ritter gar nicht so edel war), wollte unser Protagonist aus la Mancha die Welt vor Unheil bewahren, die Tugenden des Rittertums aller Welt kund tun, sich in Gefahren und Abenteuer begeben und auf diese Weise ewigen Ruhm ernten. Er legte sich seine von Rost zerfressende, oxydierte Rüstung an, die ihm wohl wie ein funkelnder stählerner Harnisch erschien und bewaffnete sich mit einer schon damals antiquierten Lanze.

Realitätsfremd und verblendet machte sich unser verarmter blaublütiger Flachadliger auf seinem Gaul Rosinante, welcher genau wie sein Reiter aussah und zwar wie eine Hundehütte (in jeder Ecke ein Knochen), auf den Weg in die Welt hinaus.

So war wohl auch gleichzeitig mit dem Roman das Drehbuch eines der ersten Road-Movies auf dem steinigen Weg unseres fahrenden Ritters entstanden.

Als treuen Begleiter, der Witz und Verstand besaß, erwählte sich unser Ritter Rost von der traurigen Gestalt seinen Stallmeister Sancho Pansa, welcher seinem Herren in allen nur erdenklichen misslichen Situation beiseite stand und dem Don, auf seinem Esel reitend, nachfolgte. Ziel der „Mission Impossible“ des Dons war es, seine ehemalige Jugendliebe „Dulcinea“ (dulce = süß) zu finden, was ihm jedoch leider nie gelang.

Ein berühmtes Kapital des Romans ist Don Quijotes Kampf gegen Windmühlen, welche er für bösartige Riesen hielt.

Heutzutage gibt es sie immer noch, diese leider halb dement-neurotischen fahrenden Ritter aus la Mancha, nur dass diese nicht nur im südlichen Spanien leben, sondern mittlerweile auch im nördlichen Bayern. Die Windmühlen heißen dort „Krankenkassen“, Rosinante wurde durch einen mittlerweile ebenfalls klapprigen Pkw ersetzt und Sancho Pansa heißt heute „Unternehmensberater“, wobei ich das vielleicht auch mit dem Esel verwechseln könnte, welcher den Berater reitet (und nicht umgekehrt). Jedenfalls kann der Esel nicht immer mit Rosinante Schritt halten und kommt oftmals zu spät, um Ritter Rost vom Flügel einer Windmühle zu kratzen oder aus deren Mahlsteinen im Inneren zu befreien.

Auf Zuruf der Hausbank sowie der eingeschalteten regionalen Förderbank sollte ich ein traditionsreiches Unternehmen in einer strukturschwachen Region in Nordbayern aus den Fängen der Windmühlen befreien und - sofern möglich - sanieren.

Als ich das Betriebsgelände der ehemals stolzen und erfolgreichen Porzellan-Manufaktur nördlich des Weißwurst-Äquators (das ist die Donau, welche das „echte“ Bayern von Franken trennt) betrat, ahnte ich schon Schlimmes. Der morbide Charme des klassizistisch anmutenden, stark sanierungsbedürftigen Fabrikgebäudes erfüllte mein Herz mit tiefer Traurigkeit. Hier war seit Jahrzehnten offensichtlich nichts mehr investiert worden. Die Fassade des ehemaligen Flaggschiffes oberpfälzischer Porzellankultur bröckelte ebenso wie die Fassade eines der geschäftsführenden Gesellschafter, der mich am Eingang zum Familien-Mausoleum zusammen mit seiner Dulcinea in Empfang nahm, um mich in die heilige Besprechungshalle aus dem Zeitalter der Industrialisierung Ende des 19. Jahrhunderts zu geleiten. Hier war tatsächlich nicht nur die Zeit, sondern auch die Einstellung der Unternehmerfamilie stehen geblieben.

Es roch nach Kaolin, Feldspat und Quarz. Aus diesen Bestandteilen wird Porzellan üblicherweise gemischt und anschließend gebrannt.

Die Besprechung wurde mit salbungs- und hingebungsreichen Worten durch den Senior-Chef eröffnet. Es waren einige Familienmitglieder der Familie Rost anwesend und so saß ich im Kreise gleich mehrerer Quijotes, welche die einst ruhmreiche und glanzvolle Zeit der mehr als 200 Jahre bestehenden Unternehmer-Dynastie wieder zum Leben erwecken wollten.

Genauso wie im Jahre 1615 werden Geisteskrankheiten und Altersstarrsinn heute nicht immer sogleich erkannt, so dass viele Unternehmer bisweilen tatsächlich mit einer gewissen Vehemenz stur und fest behaupten (kennen Sie die folgenden Argumente nicht auch?):

- „Das haben wir schon immer so gemacht."
- „Früher war alles viel besser."
- „Das waren noch Zeiten damals."
- „Schuld daran sind die anderen."
- „Die Kosten sind einfach gestiegen."
- „Wir können ja nichts dafür."

So war das auch bei der Familie Rost. Die traurigen Unternehmer-Gestalten saßen in der Besprechungsrunde wie Don Quijote vor den Windmühlen und suchten verzweifelt nach bösen Riesen, die ihr einstmals strahlendes Imperium gründlich umgepflügt hatten.

Bereits im Vorfeld hatte ich die letzten Jahresabschlüsse sowie die aktuellen Betriebswirtschaftlichen Auswertungen nebst Summen- und Saldenliste erhalten und analysiert. Ich kam zu dem Ergebnis, dass die GmbH & Co KG schon seit geraumer Zeit im Hinblick auf die Betriebsgesellschaft insolvenzantragspflichtig gewesen wäre. Weder wurden in den vorangegangenen Jahren Gewinne erwirtschaftet, noch war - nach dem cash flow - unter Berücksichtigung von Privatentnahmen, Tilgungsleistungen und Ertragssteuern die Gesamttragfähigkeit gegeben. Das Unternehmen war überschuldet und akut zahlungsunfähig. Nur aufgrund der Vermögenswerte (Grundstücke und Gebäude) in der Kommanditgesellschaft (Besitzgesellschaft) konnte der steuerliche Berater überhaupt noch ein einigermaßen ausgeglichenes Gesamtbild auf dem Porzellanteller präsentieren. Bei der Bewertung der Immobilien sowie der immateriellen Unternehmensbestandteile kommt es vor allem auf die zugrunde gelegten Maßstäbe an. Was ist ein morbides Gebäude verkehrstechnisch am Rande der Welt wirklich wert? Wie sehen die Zukunftschancen wohl aus, wenn alles so bleibt wie es ist? Wie würden sich Kundenstrukturen verändern, wenn keine Veränderungen im Produktprogramm vorgenommen werden?

Im Kaiserreich oder in der Biedermeier-Zeit standen z.B. handbemalte Porzellanfiguren hoch im Kurs. Heute sind das Antiquitäten, die zwar in Fernsehsendungen wie „Kunst und Krempel" durch Fachleute taxiert werden, meist jedoch lediglich nur noch einen Erinnerungswert haben. So ist das auch mit maroden Immobilien in einem Grenzlandgebiet.

Ich wunderte mich ob der Anzahl an Kommanditisten, die an der Krisensitzung teilnahmen: Großvater, Vater, Söhne und Töchter sowie deren Familienmitglieder. Wie konnten diese alle von nichts leben? Absorbierten sie vielleicht ein finanzielles Vakuum? Hatten Sie ihre rostigen Rüstungen ins Pfandleihhaus gegeben oder die letzte verbliebene Rosinante an den Pferdemetzger verkauft?

Jedenfalls war die Hausbank zunächst nicht mehr bereit, das Road-Movie der fahrenden Ritter weiterhin zu unterstützen. Im Besprechungssaal machte sich langsam Ratlosigkeit breit, welche sich im Laufe der darauf folgenden Stunden bis zur Hoffnungslosigkeit steigerte.

Und dann kamen auch noch die Windmühlen ins Spiel:

Auf meine Frage, ob denn schon Mahn- oder Vollstreckungsbescheide vorlägen, antwortete einer der Altvorderen aus der Unternehmerriege mit einem etwas süffisanten Gesichtsausdruck: „Ja. Von der blöden Krankenkasse." Und dass „die" wohl spinnen. Und dass „die" wohl nicht wüssten, mit wem sie es zu tun hätten. Und dass „die" es jetzt mit einer der einflussreichsten Familien der Region zu tun bekämen. Und überhaupt...

„Ach du lieber Gott!" dachte ich mir: „Die wollen tatsächlich mit Don Quijotes mittlerweile gebrochener Lanze gegen Windmühlen kämpfen."

Wenn Windmühlen angreifen, hat ein Unternehmen kaum eine Chance auf einen Krieg, geschweige denn auf einen Sieg. Werden Krankenversicherungs- und Sozialversicherungsbeträge einige Monate nicht bezahlt, kann dies zu einem rasanten Insolvenzantrag durch die Versicherungsträger führen. Und so war dies im vorliegenden Fall auch. Abwenden kann der Unternehmer dies nur, wenn er die Sachlage frühzeitig erkennt und ein offenes Gespräch mit den Versicherungsträgern sucht, um eine Stundung zu vereinbaren. Die Familie Rost war sich in ihrer Überheblichkeit offenbar der fatalen Konsequenzen ihres realitätsfernen Verhaltens nicht bewusst und nahm die Angelegenheit nicht ernst genug.

Im Kreise der Familie und der ortsansässigen Bank kamen wir zu dem Schluss, dass schnellstmöglich ein Sanierungskonzept auf den Tisch müsse, um den Betrieb überhaupt weiterführen zu können. Bei einer Insolvenz wäre – anders als in manch anderen Fällen - niemandem geholfen gewesen. So willigte die Hausbank nun doch ein, die rückständigen Versicherungsbeiträge bis zur Vorlage einer positiven Fortführungsprognose zu übernehmen. Gemeinsam führten wir im Anschluss Telefonate mit den Krankenversicherungen und konnten erst einmal wertvolle Zeit gewinnen, um das Unternehmen neu aufzustellen. Dies betraf zunächst die Produktpalette und das Marketing sowie die Vertriebswegepolitik. Porzellanteller werden zwar noch immer gebraucht, jedoch gibt es neben den Zielgruppen der Endverbraucher, Einzel- oder Großhändler für die Konsumgüterbranche neue Märkte im innovativen High-Tech-Bereich des Investitionsgütermarktes, etwa im Energiesektor oder in der Industrie. Hier spielt sich heute das ritterliche Turnier ab.

Mit diesen Strategien hat das Unternehmen neue Kunden gewonnen und ist den Windmühlen der Krankenversicherungen nicht mehr hilflos ausgesetzt.

Nachdem sich bei den jüngeren Rittern Rost der Demenzstaub noch nicht vollständig festgesetzt hatte, entschlossen sich diese, eine externe, nicht auf Inzucht basierende Söldnertruppe für die kaufmännische und technische Geschäftsleitung anzuwerben.

Mit diesen Maßnahmen hat es das Unternehmen mittlerweile geschafft, neue Wege zu beschreiten, allerdings nur mit den besagten frischen Köpfen in der Geschäftsleitung, welche mittlerweile die Zeit der Aufklärung (Renaissance=Wiedergeburt) erreicht haben. Manchmal stehen sich eben die älteren „Porzellanköpfe“ als eigene Windmühlen selbst im Weg. Diese Autoaggression kann jedoch durchaus hilfreich sein, vor allem, wenn sich der beleidigte Flachadel nach und nach selbst wegrationalisiert und die Anzahl der Gesellschafter somit sinkt. Damit werden nebenbei Kosten im Bereich der Privatentnahmen reduziert und es darf wieder frischer Wind in den Mühlen des Unternehmens wehen.

So kommt Don Quijotes staubige Rüstung nun wohl ins Museum oder zur Schätzung des Zeitwertes in die nächste Folge von „Kunst und Krempel".

Tipps für Unternehmen und Unternehmensberater:

Als Unternehmer/in empfehlen wir Ihnen, tradierte Vorgehensweisen ständig zu überprüfen und die Marktentwicklung sowie den Wettbewerb - auch international - genau zu beobachten. Führen Sie regelmäßig selbst Analysen der eigenen Zahlen, Daten und Fakten durch. So erkennen Sie frühzeitig Warnsignale zur Einleitung von Gegensteuerungsmaßnahmen. Achten Sie bitte hierbei auch auf qualitative Faktoren in Management, Unternehmensführung und Technologie. Scheuen Sie sich nicht vor innerbetrieblichen Diskussionen. Diese gehören zum Alltag eines jeden Unternehmens und stellen eine wesentliche Voraussetzung für den betriebswirtschaftlichen Erfolg dar.

Unternehmensberatern empfehlen wir, kurzfristige Bedrohungen für den Mandanten zu erkennen und Zeit für eine unternehmerische Neuausrichtung zu gewinnen. Führen Sie – gemeinsam mit dem Unternehmen ABC-Analysen im Kunden- und Produktprogramm durch und überprüfen Sie innovative Umsetzungsmöglichkeiten anhand von Marktchancen und –risiken. Beachten Sie dabei bitte ebenfalls den aktuellen Stand des Produktlebenszyklus.

20. Bates Motel

Wie man als Berater den tödlichen Fallen schizophrener Hoteliers oftmals nur knapp entgehen kann

Im Jahre 1960 schuf der Altmeister Alfred Hitchcock mit „Psycho“ ein - für die damalige Zeit - epochales Werk der Filmkunst, welches zu Recht in die Annalen der Filmgeschichte einging. Der Meisterregisseur entschied sich für einen Dreh in Schwarz-Weiß, was die dichte und unheimliche Atmosphäre des intelligenten Gruselfilms besonders verstärkte.

Hauptdarsteller Anthony Perkins mimt dabei als „Norman Bates“ einen schizophrenen Motel-Besitzer, der offensichtlich zusammen mit seiner Mutter in einer gespenstischen Villa auf einer Anhöhe lebt und im Tal darunter das besagte und betagte Motel betreibt, welches weit ab von der Durchgangsstraße liegt und ehemals wohl schon weitaus bessere Zeiten gesehen hatte. Als sich eine junge Dame namens Marion Crane (dargestellt von Janet Leigh), die Geld unterschlagen hat und sich auf der Flucht befindet, bei Sturm und Regen mit ihrem Wagen verirrt und mit Mühe und Not „Bates Motel" erreicht, nimmt das Verhängnis seinen Lauf.

Der etwas verwirrt wirkende junge Norman Bates zeigt Interesse für die Besucherin, dem einzigen Gast im Motel. Oberhalb des Motels residiert die Mutter, welche der Zuschauer zunächst nicht direkt zu Gesicht bekommt. Normans Mutter will ihrem Sohn mit aller Macht eine Beziehung zu Frauen verbieten. Marion Crane hört entsprechende Streitgespräche zwischen beiden mit. Norman versucht, Marion zu beruhigen. Seine Mutter sei „harmlos", nur manchmal ein wenig „bösartig".

Tja, ein „wenig" ist da wohl untertrieben. So nimmt die Mutter das Heft, an der sich ein langes Küchenmesser befindet in die Hand, und es kommt zu einer der meist zitierten und oft kopierten Filmszene: dem Mord in der Dusche. Sehen kann der Zuschauer die Mutter nicht wirklich.

Unter schrillen Schreien wird das Opfer niedergemetzelt.

Norman entsorgt die Leiche (eingewickelt in den Duschvorhang) - nebst Fahrzeug - standesgemäß und stilvoll im nahegelegenen Sumpf des Verbrechens, wo bereits einige Wasserleichen auf die neue Kollegin warten.

Erst gegen Ende des Streifens wird klar, dass Norman Bates schizophren ist, also eine gespaltene Persönlichkeitsstörung aufweist. Er hatte seine Mutter schon vor vielen Jahren umgebracht und sie mumifiziert. Die Dialoge zwischen Mutter und Sohn führte Norman selbst mit verschiedenen Stimmen. Für die Morde war jedoch wohl eher die

Mutter als er selbst verantwortlich. So landete er schließlich in der Psychiatrie.
Ebenso sollte es bisweilen auch manchen Mandanten ergehen und zwar schon bevor es zum Mord kommt. Die Türen der Irrenhäuser stehen soweit offen wie die der Motels und Hotels, wobei zwischen beiden Kategorien in der Realität manchmal kaum ein Unterschied besteht.

Schizophrene Menschen sind krank und aus unserer Alltagswelt entrückt, weshalb wir diese auch als „ver"-rückt bezeichnen. Dennoch planen sie ihre Messerstechereien in hochintelligenter, perfider sowie akribischer Form und haben dabei immer genügend frische Duschvorhänge auf Lager. Auf den ersten Blick erscheinen diese Unmenschen weltoffen und freundlich, doch wehe, sie zeigen ihr zweites Gesicht. Denn dann ist der morastige Sumpf zur Entsorgung des Unternehmensberaters nicht weit entfernt.

Wir verlegen den Tatort bewusst von der Pampa nach Sin City, einer großen Metropole in der Mitte Deutschlands, die für die Machenschaften manch einer Persönlichkeitshälfte genügend Gelegenheiten zur Umsetzung geistiger Folterungen und krimineller Mordabsichten bietet.

Im konkreten Fall handelt es sich allerdings nicht um ein Motel, sondern um ein Hotel, welches ebenso in die Jahre gekommen war wie die Hotelbesitzerin. Bereits im Vorfeld hatte diese unseren nichts ahnenden Empfehlungsgeber (den hochkarätigen Mitarbeiter eines Förderinstituts) umgarnt und ihm eine Vielzahl von Folgefinanzierungen über ihr „exklusives" Netzwerk versprochen. Dieser war dann wohl so geblendet, dass er uns - bereits auf Wolke Sieben schwebend - mit einem andächtigen „Hosianna“ auf den Fall ansetzte. Er versprach uns das Blaue vom Himmel, doch aus der Wolke Sieben begann es schon leicht zu tröpfeln, bevor meine Geschäftspartnerin und ich in strömendem Regen und bei Gewitter das Hotel erreichten. Wir hatten uns vorher mangels Durchblick und fehlender Weitsicht - wie Marion Crane in „Psycho“ - wohl ebenfalls verfahren.

Im Gegensatz zum Kinohit war es auch nicht der junge Anthony Perkins, welcher uns in Empfang nahm, sondern eine etwas ältere Dame, welche wir hier als „Norma Bates“ bezeichnen wollen. Normas Hotel - und sie selbst - sahen aus wie Bates Wohnhaus: vielfach geliftet und nie kernsaniert. Die Inneneinrichtung war eher ein Museum, eingerichtet im viktorianischen Stil. Allerdings erschienen uns die vergoldeten und mit Brokat bezogenen Möbelstücke (auch in den Zimmern) nicht wirklich historisch. Wir trauten uns nicht, diese in die Hand zu nehmen und umzudrehen, um die dort vermutlich angebrachte Aufschrift „Made in China“ ans Licht zu bringen.

Es folgte zunächst das übliche Kennenlern-Gespräch, wobei uns Norma erst an diesem Termin einige Zahlen zum Hotel überreichte. Normalerweise erhalten wir die Zahlen bereits im Vorfeld, um wenigstens eine erste, grobe Rentabilitätsanalyse zur Vorbereitung auf die Besprechung durchführen zu können. Da haben wir uns wohl vom Engel auf „Wolke Sieben“ beeinflussen lassen, welcher meinte, dass dies im vorliegenden Fall ausnahmsweise nicht erforderlich wäre. Mit dem Banker und Empfehlungsgeber arbeiten wir schon seit mehr als 20 Jahren erfolgreich zusammen. Also hatten wir auf ihn vertraut, ohne zu erkennen, dass er bereits von Normas tödlichem Virus infiziert worden war.

Wir saßen dann in Normas biederem Frühstücksraum. Ich wunderte mich, warum Norma meine Geschäftspartnerin und Kollegin erst einmal ignorierte und dann gar nicht mehr beachtete. Im Nachgang denke ich, dass ein Teil von Normas zweigeteilter Persönlichkeit wohl auf nur einen einzigen männlichen Ansprechpartner vorbereitet war. Hätte sie sich auf zwei Berater, wovon einer sogar noch weiblich war (wie abscheulich!) vorbereitet, hätte Norma über ihre zwei Schatten springen und sich eine multiple Persönlichkeitsstörung zulegen müssen, was eine bereits gut eingefahrene Schizophrenie noch bei weitem toppt.

So zog sich meine Kollegin auf die Beobachterposition zurück, um dem eloquenten Monolog Queen Victorias zur Historie des Hotels „Empire" gebannt zu folgen. Da wurde aus Bates Motel ein kleines „Adlon" (das berühmte Hotel am Brandenburger Tor in Berlin), welches für normal Sterbliche - auch aus Kostengründen - kaum zugänglich ist. Bei Normas Hotel ist dies ebenso. Dort residieren offensichtlich nur die Untoten, insbesondere ihr Vater, der mit seinem Geist den für Norma heiligen Schrein des Hotels flutet.

Norma lachte nicht. Ein aristokratisch anmutendes, angedeutetes Lächeln zeigte sich nur dann, wenn sie von ihrem Vater schwärmte, wie er doch so liebevoll gestaltend tätig war, wie er seine Familie geradewegs von der Bourgeoisie in den Himmel des Hoteladels emporhob, wer hier denn alles schon übernachtet hätte, wie Norma vom Bürgermeister geachtet wäre undundund...

Die verbal gepuderte Selbstpomade wollte einfach nicht enden. Ich musste eingreifen und bat um einen Hotelrundgang mit Zimmerbesichtigung. Als wir uns von den Stühlen erhoben, um die Betriebsbesichtigungstour zu starten, fragte ich noch nach dem Auslastungsgrad (Prozentanteil vermieteter Zimmer bzw. Betten). „Mehr als 50 %“, säuselte Norma und entschwebte mit uns auf die engen Flure des Geisterhauses. Es war schon seltsam, dass bei diesem Auslastungsgrad beinahe alle Zimmertüren offenstanden und die Belle-Époque-Räumlichkeiten nicht belegt waren. Der Blick aus dem Fenster zum Hof auf der Gebäuderückseite gab nur das traurige Panorama eines Hinterhof-Ghettos wieder. Durch die Flure zog ein kühler Hauch und mein damals offensichtlich in Mitleidenschaft gezogener Verstand glaubte, die Stimme von Normas Vater zu hören, der seine Tochter flüsternd beschwor: „Norma, du musst mein Lebenswerk erhalten. Koste es, was es wolle.“

Seltsam war ebenfalls, dass sich die Rezeption nicht im Eingangsbereich des Erdgeschosses, sondern im 1. Stock befand. Hinter dem Tresen der winzig kleinen Rezeption war ein uraltes offenes Regal zu sehen, welches die kostbaren Schätze und Abrechnungen der Buchhaltung enthielt. Das waren wahrscheinlich Sammlerstücke, die - mit einem hohen Spinnwebengehalt - der genannten Hotelauslastung deutlich widersprachen. Kreuz und quer lagen dort Ordner und Kassenbücher, welche über viele Jahre zurückreichten; jeweils immer ein Ordner – pro Jahr! Hoffentlich waren da überhaupt Belege drin. Jedenfalls beachtete Norma die Aufbewahrungspflichten über Buchhaltungsunterlagen mehr als notwendig. Der

Anblick war für uns sehr befremdlich. Was wollte Norma damit zeigen? Rätsel über Rätsel. Sollte ich dort etwa Stephen Kings „Shining“ durchmachen müssen?

Auf dem weiteren Rundgang begegnete uns lediglich ein Zimmermädchen, das Norma wahrscheinlich kurzfristig als Alibi-Statistin namens „Carrie“ zur Wahrung des schönen „Scheinings“ engagiert hatte.

Als wir uns zurück in den Frühstücksraum begaben, wurde mir klar, dass das Hotel finanziell wahrscheinlich ebenso blank war wie die darin gestapelten, silbrig-blechern schimmernden Servierplatten. Hannibal Lecter hätte seine wahre Freude daran gehabt...

Im Besprechungsraum wurde der Höllentrip noch grotesker und, wäre das Ganze nicht schon alptraumhaft genug gewesen, hätte ich Norma gefragt, wo wir denn bitte die Eintrittskarten zur hoteleigenen Geisterbahn loswerden und zurückgeben könnten.

Am Besprechungstisch saß nämlich ein gestylter Bodybuilder im Boxershirt, versehen mit einem bunten Ganzkörper-Tattoo und einer schweren Goldkette um den Hals. Der sah aus, als wäre er der berüchtigten südamerikanischen Jugendgang „Salva Maratrucha“ entsprungen oder als Maori auf der Rückreise nach Neuseeland hier zwischengelandet. Ich habe bitte sehr nichts gegen Tätowierungen. Tattoos gelten heutzutage als ein Ausdruck der Persönlichkeit und sind gesellschaftlich nicht mehr geächtet. Nur der mürrische Gesichtsausdruck des jungen Herren weckte ein etwas mulmiges Gefühl in mir. War er der einzige Gast? Sie werden es mir kaum glauben: Es war

Normas Gatte! Ich brauchte erst einmal ein Glas Wasser. Meine Partnerin brauchte zwei.

Normas Ehemann betrieb - wie uns offenbart wurde - zudem noch eine Diskothek um die Ecke. Was mag er da in Neu-Amsterdam wohl unter dem Tresen verkaufen? Da waren sie wieder: Meine Vorurteile. Verfluchtes Amsterdam.

So beifällig bemerkte Norma, dass wir im Rahmen des Mandats doch die Diskothek gleich mitberaten könnten. Aha.

Wir wollten schon fliehen, doch da öffnete sich knarzend die Türe und eine junge Frau betrat den Vorhof zur Hölle. Es stellte sich heraus, dass es die Pächterin des Steak-Houses war, welches zu Bates Hotel gehörte. Wir sollten dafür sorgen, dass die Pacht angehoben wird. Na, warum wohl?

So beifällig bemerkte Norma wieder, dass wir im Rahmen des Mandats doch das Steak-House ebenfalls mitberaten könnten. Aha.

Kurz vor dem seelischen Zusammenbruch fragte ich sarkastisch, ob denn sonst noch irgendeine Klitzekleinigkeit zu erledigen wäre. Das hätte ich nicht tun sollen. Denn jetzt kommt die letzte Episode: die automatisierte Hotel-Tiefgarage.

Hierzu ist es wichtig zu wissen, dass – gerade ein Hotelbetrieb – stets eine gewisse Anzahl an Stellplätzen für Hotel- oder Gastronomiebesucher vorweisen muss, um das Gewerbe überhaupt betreiben zu dürfen. So bauten Norma und ihr Maori eine automatisierte Tiefgarage, in welche man wie in eine normale Garage hineinfährt. Es handelt sich dabei um einen Aufzug, welcher die zu parkenden Fahrzeuge ohne Insassen nach unten befördert, wo diese in Parkboxen abgestellt werden und bei Bedarf automatisch und mittels einer Chipkarte individuell wieder ans Tageslicht geholt werden können. In Japan ist dies bereits seit geraumer Zeit Standard. Gut, hierzulande ist das wohl nicht der Fall. Jedenfalls meldete Norma die zum Betrieb des Hotels erforderliche Anzahl an Stellplätzen an, welche - mangels Parkmöglichkeiten am Straßenrand - in die Tiefgarage verlegt wurden, die jedoch niemals funktionierte. Aufgrund nicht vorhandener Sümpfe, kam mir der Verdacht, dass dort die Kellerleichen der vergangenen Jahre ebenso aufgestapelt waren, wie die Buchhaltungsunterlagen in der Rezeption. Der Zugang zum Parkhaus blieb uns somit glücklicherweise verwehrt.

Ich fragte mich, wozu denn Parkmöglichkeiten erforderlich sind, wenn erst gar keine Gäste kommen. Na, das wird halt von unseren Ämtern und Kommunen so vorgeschrieben.

Falls sich doch der eine oder andere Gast bei Regen und Gewitter ins Hotel verirrte, fragte manch einer nach einem Tiefgaragenplatz. Norma offenbarte noch stolz, dass sie die bösartigen Automobilbesitzer mit Parkdrang an das öffentliche Parkhaus in der Nachbarschaft verwies. Sie begründete dies damit, dass die Garage „aktuell aufgrund der Vielzahl an Gästen vollständig ausgebucht“ sei. Die Stellplatzkosten des Parkhauses gegenüber würden vom Hotel gegen Vorlage des Parkbelegs übernommen. Das wurde also auch noch als besonderer Service verkauft! Normas Vater wäre stolz gewesen.

Glücklicherweise war der Parkhausaufzug nicht funktionsfähig, denn bei einer Probefahrt nach unten wären wir schnurstracks in Dantes Inferno gelandet und auf dem Rückweg nach oben wären wir - wenn wir dies irgendwie überlebt hätten - mit dem Fahrstuhl zum Schafott gerade noch rechtzeitig zu unserer eigenen Enthauptung gekommen, die jedoch tatsächlich nicht lange auf sich warten ließ. Zumindest im übertragenen Sinn. Tja, Wahn und Sinn eben.

Jetzt waren meine Partnerin und ich kurz davor, uns zu Anthony Perkins zu gesellen und uns freiwillig in die Psychiatrie einweisen zu lassen, um trällernd über das Kuckucksnest zu fliegen.

Bei der Beratung handelte es sich um einen damals sogenannten „Runden Tisch“ für Unternehmen in Schwierigkeiten, nicht aber für schwierige Unternehmerpersönlichkeiten. Im Rahmen des Runden Tisches wird lediglich eine IST-Analyse mit der Definition von Stärken und Schwächen erstellt, ein Bank-Gespräch durchgeführt und ein Maßnahmenplan zur weiteren Vorgehensweise entwickelt.

Mit Ausnahme der Fahrtkosten fallen für den Mandanten keinerlei Beratungskosten an.

Jetzt sollten wir also im Rahmen eines einzigen, bewilligten Mandats 3 Unternehmen beraten, Konzepte erstellen, Bankgespräche führen und die Tiefgaragen-Parkplatzlüge weiterhin aufrechterhalten?

Wir wiesen Norma auf die genannten Fakten hin und dass - wenn überhaupt - 3 getrennte Runde Tisch beantragt werden müssten, was Normas verstorbenem Vater offenbar jedoch nicht zusagte.

Wir haben wenigstens für das Hotel einen Bericht erstellt und zusammen mit Norma (ohne den Maori) einen Termin bei der Hausbank absolviert. Fragen Sie bitte nicht, wie dieser ausging. Eine Kreditabsage war aus unserer Sicht ohnehin vorauszusehen.

Jedenfalls war Norma Bates danach so erbost, dass sie ihre Verbalattacken hinter dem Duschvorhang intensivierte und uns auch noch bei der Förderbank anschwärzte.

Sie war nicht bereit, unsere Fahrtkostenrechnung zu akzeptieren, obwohl in den Förderrichtlinien ausdrücklich darauf hingewiesen wird. Sie sei mit unserer Arbeit überhaupt nicht zufrieden und wir hätten praktisch nichts erreicht und so weiter.

Unser empfehlungsgebender Banker fiel darauf hin aus allen sieben Wolken und wir wurden zur Teilnahme an einem dreiköpfigen Schöffengericht in die Zentrale gebeten. Meine Partnerin und ich fühlten uns wie ein Opferlamm auf der Schlachtbank. Wir berichteten sachlich und offen über unsere Eindrücke und konnten - nur mit vorsichtiger Diplomatie und mit Hinweisen auf die erfolgreiche langjährige Zusammenarbeit mit der Förderbank - das Damoklesschwert der drohenden Auslistung aus einer wichtigen Beraterbörse gerade noch über den vermeintlich bereits geschlossenen Duschvorhang kicken.

Auf eine normalerweise übliche Aufwandsentschädigung der KfW an uns haben wir wohlweislich verzichtet. So hatte Norma keinerlei Küchenmesser-Optionen uns gegenüber mehr in der Hand.

Zu spät erkannten wir die Vielzahl von Indizien, welche wir hätten beachten müssen, um uns gar nicht erst in eine unheimliche und mörderische Duschkabine zu begeben.

Gerade noch rechtzeitig konnten wir die konservierte Leiche von Normas Vater im Keller des

Parkhauses und in den seelischen Abgründen seiner Tochter exhumieren.

Wir sind dem pestverseuchten Sumpf verbrecherischer Schizophrenie im letzten Moment entronnen und haben unsere Ehre mit Mühe und Not wieder hergestellt.

Wenn Sie selbst also einmal ein Hotel oder Motel buchen, sehen Sie sich bitte zuerst das Badezimmer an. Falls der Duschvorhang fehlen sollte, fragen Sie sich: Warum?

Tipps für Unternehmen und Unternehmensberater:

Als Unternehmer/in empfehlen wir Ihnen, hin und wieder eine gesunde Distanz sich selbst gegenüber zu wahren und Ihr(e) Vorhaben schonungslos und objektiv auf Realisierbarkeit zu prüfen. Bitten Sie vertraute Menschen um eine entsprechende Einschätzung. Erwarten Sie keine Wunder, auch nicht von Ihrem Berater.

Unternehmensberatern empfehlen wir, stets zu zweit am Erstgespräch teilzunehmen. Vier Augen sehen mehr. Achten Sie auf nonverbale Signale Ihres Gegenübers und lassen Sie sich bitte nicht ins Bockshorn jagen. Die Aussicht auf mehrere Mandate in nur einem Gespräch entpuppt sich oft als Trugschluss, vor allem, wenn Ihnen klar wird, dass mit angemessenen Beraterhonoraren voraussichtlich ohnehin nicht zu rechnen ist. Sehen Sie sich den Betrieb von außen und innen an. Prüfen Sie, ob, wann und in welcher Höhe möglicherweise Ersatz- und/oder Erweiterungsinvestitionen erforderlich werden. Achten Sie bitte ebenfalls auf Standortfaktoren und vor allem auf die Persönlichkeit(en) Ihres Mandanten.

21. Der Oscar

Weil DOCH alles Gold ist, was glänzt

Der Oscar ist der wohl begehrteste Filmpreis und wird in den USA jährlich von der Academy of Motion Picture Arts and Sciences (AMPAS) in mehr als 30 verschiedenen Kategorien vergeben.

Erstmals wurde der Oscar im Jahre 1929 durch den damaligen Präsidenten der MGM-Studios verliehen.

Die Statuette ist 34,29 cm groß und besteht aus einer massiven Nickel-Kupfer-Silber-Legierung, ist mit einer 24-karätigen Goldschicht überzogen und wiegt 3,856 kg. Der Materialwert des Oscars beträgt etwa 300 US-Dollar. Woher der Name „Oscar“ ursprünglich stammt, ist nicht mehr vollständig zu klären.

Verliehen wird der Oscar unter anderem in den Kategorien bester Film, beste Regie, beste Hauptdarsteller, beste Nebendarsteller, beste Kamera, bester Schnitt, beste Spezialeffekte, beste Filmmusik etc.

Zunächst wird der Film im Rahmen einer Vorauswahl für eine oder mehrere Kategorien nominiert. Danach erfolgt die eigentliche Verleihung durch eine Jury der AMPAS. Die bislang erfolgreichsten Filme waren:

- „Der Herr der Ringe: Die Rückkehr des Königs" (2004), welcher in allen nominierten Kategorien 11 Oscars gewann,
- „Titanic" (1998) mit ebenfalls 11 Oscars und
- „Ben Hur" (1960), 11 Oscars, gefolgt von
- „Vom Winde verweht" (1939), 10 Oscars, welcher lange Zeit der erfolgreichste Film in der Geschichte des Oscars war.

Insgesamt stellte die Trilogie „Herr der Ringe" bei 30 Nominierungen und 17 Auszeichnungen einen neuen Rekord auf.

Wir haben in den vergangenen Geschichten rege über Mandanten, Banken, Steuerberater oder Krankenkassen geschimpft und manch einen Vertreter dieser Zeitgenossen arg gebeutelt. Die beschriebenen Situationen stellen sicherlich Ausnahmen dar und sind nicht die Regel, sondern spiegeln eher persönliche und subjektive Eindrücke aus unserer mehr als 20-jährigen Berater-Erfahrung wider.

Ich möchte an dieser Stelle zum Abschluss des Büchleins nun einmal Don Quijotes Lanze für eine herausragende Persönlichkeit und einen Menschen brechen, den ich bewundere. Um meine Hochachtung gebührend unter Beweis zu stellen, erlaube ich mir an dieser Stelle, gleich mehrere –

zumindest virtuelle – Oscars für eine Dame, Mutter und Unternehmerin sowie deren Familie, der örtlichen Sparkasse, den Steuerberater und die gesamte Dorfgemeinschaft zu vergeben. Es ist eine durchweg positive Geschichte und ein Bespiel dafür, wie es doch einmal sein kann, dass alles wie am laufenden Filmband klappen kann.

Was eignet sich besser als ein Kino für den Ort einer Ehren-Oscar-Verleihung?

Wir vergeben gleich mehrere Oscars in verschiedenen Kategorien, welche teilweise über die der AMPAS hinausgehen:

Beste Regie, beste Hauptdarstellerin, höchste Leidenschaft und bestes Drehbuch:

4 Oscars erhält die Unternehmerin selbst. Sie hatte im Jahr vor Beratungsbeginn einen schweren Schicksalsschlag erfahren. Ihr Gatte kam bei einem Motorradunfall ums Leben. Die Hinterbliebenen - darunter zwei Söhne und eine Tochter – kamen finanziell seitdem nur schwer über die Runden. Der verstorbene Ehemann hatte seit Jahrzehnten im Nebenerwerb sein Hobby zu seiner Berufung gemacht und betrieb in einer kleinen Gemeinde in der bayerischen Rhön ein Kino in der vierten Generation. Das Kino besitzt nur einen einzigen großen Saal und war in den 30er Jahren des 20. Jahrhunderts in der bestehenden Form erbaut worden. Die Tradition reicht jedoch bis ins Jahr 1912 zurück. In den 20er-Jahren des letzten Jahrhunderts wurden Stummfilme, untermalt von Piano-Musik, gezeigt. Die Cineasten der Familiengilde, welche nachfolgten, erhielten stets das ursprüngliche historische Flair des Vor-

führraums, angefangen von der Ausleuchtung über die Vorhänge, die Deckenbeleuchtung in Form eines Sternenzelts bis hin zu den Sitzreihen. Jede dieser Sitzreihen ist an den Rückenlehnen der Sessel mit einem schmalen Band aus Holz versehen, welches wie ein lang gezogener Tisch wirkt und die gesamte Länge der Sitzreihe umfasst. Dort eingearbeitet sind Getränkehalter. Auf der knapp 40 Zentimeter tiefen tischbrettartigen Fläche können die Besucher bequem Teller und andere Dinge abstellen. So etwas hatte ich bisher noch nicht gesehen. Der Raum war erfüllt mit Eindrücken und Schwingungen längst vergangener Tage, was bei mir Gefühle von Wehmut, Nostalgie und Ehrerbietung hervorrief.

Die ehemalige Bezeichnung „Lichtspieltheater" (so wurden Kinos damals genannt) wurde übrigens beibehalten. Das Kino befindet sich in einem kleinen Ort mit rund 5.000 Einwohnern, weit ab von den Großräumen Fulda, Würzburg, Erlangen oder Nürnberg.

Mittlerweile stand das Kino seit 9 Monaten still an der Ecke des Marktplatzes. Filme wurden nicht mehr gezeigt.

Anlässlich des Erstgesprächs mit der Witwe flossen noch viele Tränen ob des Verlustes des Gatten und Vaters. Doch dann sah mich die Mandantin mit festem Blick und leidenschaftlichem Tatendrang an.

„Schau' mir in die Augen, Kleines..." sagte auch einst Humphrey Bogart zu Ingrid Bergmann im filmischen Meisterwerk „Casablanca".

Die entschlossene Dame schlug mit der flachen Hand auf den kleinen Tisch in der Küche Ihrer Wohnung (die Küche diente als Besprechungsraum), welche sich im Kinogebäude befand und verkündete mit fester Stimme und einer ebensolch festen Meinung: „Ich mache weiter. Ich werde das Lebenswerk meines Mannes fortführen, jawohl!"

Da war ich erst einmal platt. Wie sollte die Familie von einem Kino mit nur einem Vorführraum leben können? Das Kino musste renoviert, die Leinwand ersetzt, die Bestuhlung erneuert und vor allem die Technik musste auf den neuesten Stand (HD / DVD / DOLBY / THX etc.) gebracht werden. Wie sollte das alles ohne Eigenmittel finanziert werden? Wie sollte das Kino weitab vom Schuss und angesichts der Kino-Paläste in den Ballungsgebieten mit genügend Besuchern ausgelastet werden? Wer sollte die Filme in Zukunft vorführen? Wie kann für eine ehrenwerte Dame, die Arbeitslosengeld sowie eine kleine Witwenrente bezog, ein Existenzgründungsdarlehen beantragt werden? Wer sollte unser Honorar begleichen?

Alle diese Fragen schossen mir durch den Kopf wie eine Kugel aus der 45er-Magnum von Dirty Harry. Oh weh. Als ich entsprechende Fragen stellte und auf Subventionen und mögliche Zuschüsse der Filmwirtschaft in Bayern und auf die damit einhergehenden Hürden sowie Vergaberichtlinien eingehen wollte, blieb unsere Kino-Queen ganz cool. Sie lächelte mich wortlos an und griff nach einem Aktenordner, der unter dem Küchentisch stand. Dieser war gefüllt mit Anträgen und Bewilligungsbescheiden in Form von Zuschüssen für Technik und Umbau durch den FFF (Film-Fernseh-Fond Bayern), die FFA (Filmförderanstalt), das BKM (Bayerisches Kultusministerium) und der LfA (Landesanstalt für Aufbaufinanzierung). Da war ich noch platter, was dem Gemüt eines leicht narzisstisch-geprägten Unternehmensberaters nicht unbedingt zuträglich sein kann. Es lag bereits ALLES vor! Es verblieb nur noch eine erforderliche Restfinanzierung in Höhe von 50.000 Euro.

Offensichtlich wurde ich lediglich noch für die Überarbeitung des Unternehmenskonzepts - welches die Cineastin ebenfalls bereits vorbereitet hatte - gebraucht. Das war zwar nicht unbedingt das beste Geschäft meines Lebens, ich war jedoch schwer beeindruckt von der akribischen, mutigen Vorarbeit und Vorgehensweise der Gründerin. „Respekt, wer's selber macht." So lautet auch der Werbeslogan einer bekannten Baumarktkette.

Bester Ton und bester Kurzfilm:

Es gibt ihn tatsächlich noch: Den Glauben an den Erfolg des Vorhabens, an die Menschlichkeit und den Respekt im Umgang mit dem Bankkunden sowie die problemlose Finanzierung eines Existenzgründungsvorhabens.

2 Oscars gehen deshalb an die örtliche Sparkasse für deren Risikobereitschaft und die sofortige Zusage zur Restfinanzierung. Wer hätte das gedacht? Es war tatsächlich das kürzeste Bankgespräch, das ich jemals geführt hatte. Das Unternehmenskonzept hatte ich - nach Freigabe durch die Gründerin - bereits vor dem Gesprächstermin an den Kreditvorstand der Sparkasse gemailt. Das machen wir in unserem Unternehmen immer so, damit sich die Banker vorbereiten können und im nachfolgenden Gespräch offene Fragen sofort beantwortet werden können. Im konkreten Fall war dies jedoch nicht notwendig. Sämtliche Darlehensverträge lagen schon zur Unterschrift durch die Hauptdarstellerin bereit. Nach nur 15 Minuten war der Trailer abgedreht. Und das war ich auch.

Niemals vorher oder nachher ging ein Bankgespräch - das im Grunde gar keines war, sondern lediglich eine Unterschriftenaktion - so problemlos von-statten.

Beste Nebendarsteller:

3 Oscars gehen an die Kinder. Die beiden Söhne sowie die Tochter der Kinobesitzerin sind heute erwachsene junge Leute und helfen in jeder nur erdenklichen freien Minute praktisch ehrenamtlich aus – vom Karten- über Popcorn- und Getränkeverkauf bis hin zur Bedienung der Bild- und Tontechnik im Vorführraum. Das nennt man wahren Enthusiasmus. Ein echter „Filmilienbetrieb“ eben.

Bester Dokumentarfilm:

Einige wichtige Punkte – welche ich als Unternehmensberater nicht immer sofort beantworten kann – müssen zur Klärung festgehalten und dokumentiert werden. Da geht es z.B. um steuerliche oder rechtliche Fragen wie Erbschaft, Vertretungs- und Nachfolgeregelung oder die Frage, ob Eigenleistungen (z.B. beim Umbau) steuerlich berücksichtigt werden müssen oder die Tätigkeit der Kinder lohnsteuerpflichtig ist. Es stellt sich ebenfalls die Frage nach der richtigen Wahl der Gewinnermittlungsart sowie nach der Durchführung der Buchhaltung und der Führung des Kassenbuchs.

Diese Fragen hatte der steuerliche Berater fachmännisch und schnell geklärt, wofür er ebenfalls einen Oscar verdient hat.

Bestes Casting:

Es ist kaum zu glauben, welche Welle der Hilfsbereitschaft und Unterstützung sich durch die gesamte Dorfgemeinschaft zog. Als Casting-Director war unter anderem auch der Bürgermeister tätig, der sich als Schirmherr zur Verfügung stellte und flugs einen Förderverein für das Kino ins Leben rief. Dafür erhält auch er einen Oscar.

Ortsansässige Unternehmer und Bürger sorgten für das richtige Beziehungsmarketing und so war anlässlich der Wiedereröffnungsfeier, welche im Kinosaal selbst stattfand, der Raum bis auf den letzten Platz gefüllt. Presse und Rundfunk waren anwesend und berichteten am darauf folgenden Tag von dem herausragenden Event.

Klappe und Action:

Wie viele Oscars haben wir vergeben? Siehe da: 11 Stück. Gell, da schaut ihr, Victor Mortensen, Leonardo diCaprio, und Charlton Heston!

Es ist eben DOCH alles Gold was glänzt. Vor allem wenn man das Gold auf einen mutigen und leidenschaftlichen Menschen bezieht, welcher ein einmaliges Lebenswerk liebevoll weiterführt.

Tipps für Unternehmen und Unternehmensberater:

Als Unternehmer/in empfehlen wir Ihnen, nicht auf andere zu warten, sondern Ihr Vorhaben so schnell wie möglich umzusetzen. Der Mut zum Risiko, die dazugehörige Leidenschaft und der entsprechende Elan zeichnen eine Unternehmerpersönlichkeit in besonderem Maße aus. Kreativität beginnt, wenn Sie etwas tun. Holen Sie sich flankierende Ratschläge von Beratern, doch lassen Sie sich nicht von Ihren Zielsetzungen und Visionen abbringen. Und wenn einmal etwas nicht so läuft, wie Sie es geplant hatten, denken Sie daran: Hinfallen ist keine Schande, aber Liegenbleiben. Haben Sie gewusst, dass Einstein in der Schule erst einmal in Physik durchgefallen war, bevor er Jahre später seine Relativitätstheorie entwickelte?

Unternehmensberatern empfehlen wir, ihre Mandanten zu unterstützen und anzuspornen, weiter zu machen, selbst wenn die Beratungserfahrung uns manchmal dazu bringt, eher auf das Bremspedal zu treten. Unterschätzen Sie die Stärke und den Tatendrang der von Ihnen beratenen Unternehmerpersönlichkeiten niemals.

22. Nachspiel

Herzlichen Dank, dass Sie uns auf unserer Odyssee begleitet haben. Wir hoffen, Sie konnten den Wind vertragen; schön, dass Sie nicht über Bord gegangen sind.

Wir begaben uns in teilweise unbekannte Gewässer, die mit allerlei Monstrositäten übersät waren und die tatsächlich eher der mythischen Sagenwelt der Griechen zu entspringen scheinen als der Realität. Doch so ist das Leben: Manchmal unglaublich.

Egal in welchen Bereichen, das Leben ist immer geprägt von Flauten und stürmischen Winden. Stets sind wir alle am Rudern, ob finanziell, bei unserer Arbeit, in unserer Freizeit, in der Familie oder in der Gesellschaft im Allgemeinen.

Nutzen Sie den Rückenwind, stellen Sie sich dem Gegenwind. Wir wünschen Ihnen, dass Sie Ihre Ziele gesund - und ohne Schiffbruch zu erleiden - erreichen. Und wenn dies doch einmal passieren sollte, dann basteln Sie sich aus dem verbliebenen Treibholz einfach ein schickes Floß und rudern weiter.

Die Geschichten und Anekdoten sind nicht typisch für einen üblichen Beratungsverlauf. Sie stellen zwar Ausnahmen dar, strapazieren jedoch zu mindestens 20 % unseres Lebens unsere Nerven. In vielen Fällen verläuft unser Kurs auch ohne große Untiefen und gefährliche Klippen.
Ziehen wir uns also nun für eine Weile in den Heimathafen zurück, bevor wir übermorgen wie-

der die Anker lichten, die Segel hissen und uns erneut in Teufels Waschküche begeben.

Ahoi!

„Zwei Dinge sind unendlich, das Universum und die menschliche Dummheit, aber bei dem Universum bin ich mir noch nicht ganz sicher.“

(Albert Einstein)

„Probleme kann man niemals mit derselben Denkweise lösen, durch die sie entstanden sind.“

(auch Albert Einstein)

27580305R00082

Printed in Poland
by Amazon Fulfillment
Poland Sp. z o.o., Wrocław